U0138989

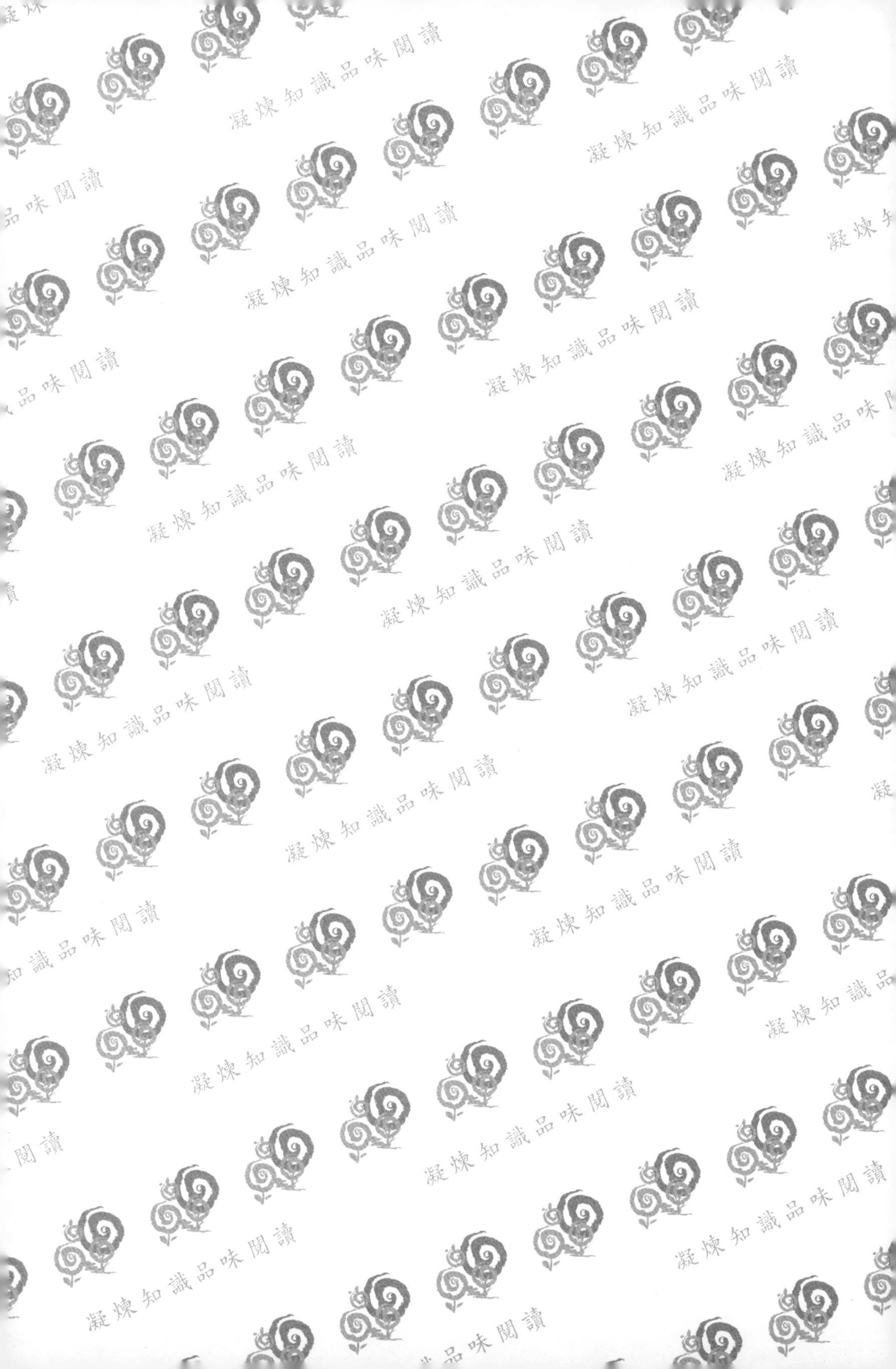
凝煉知識品味閱讀

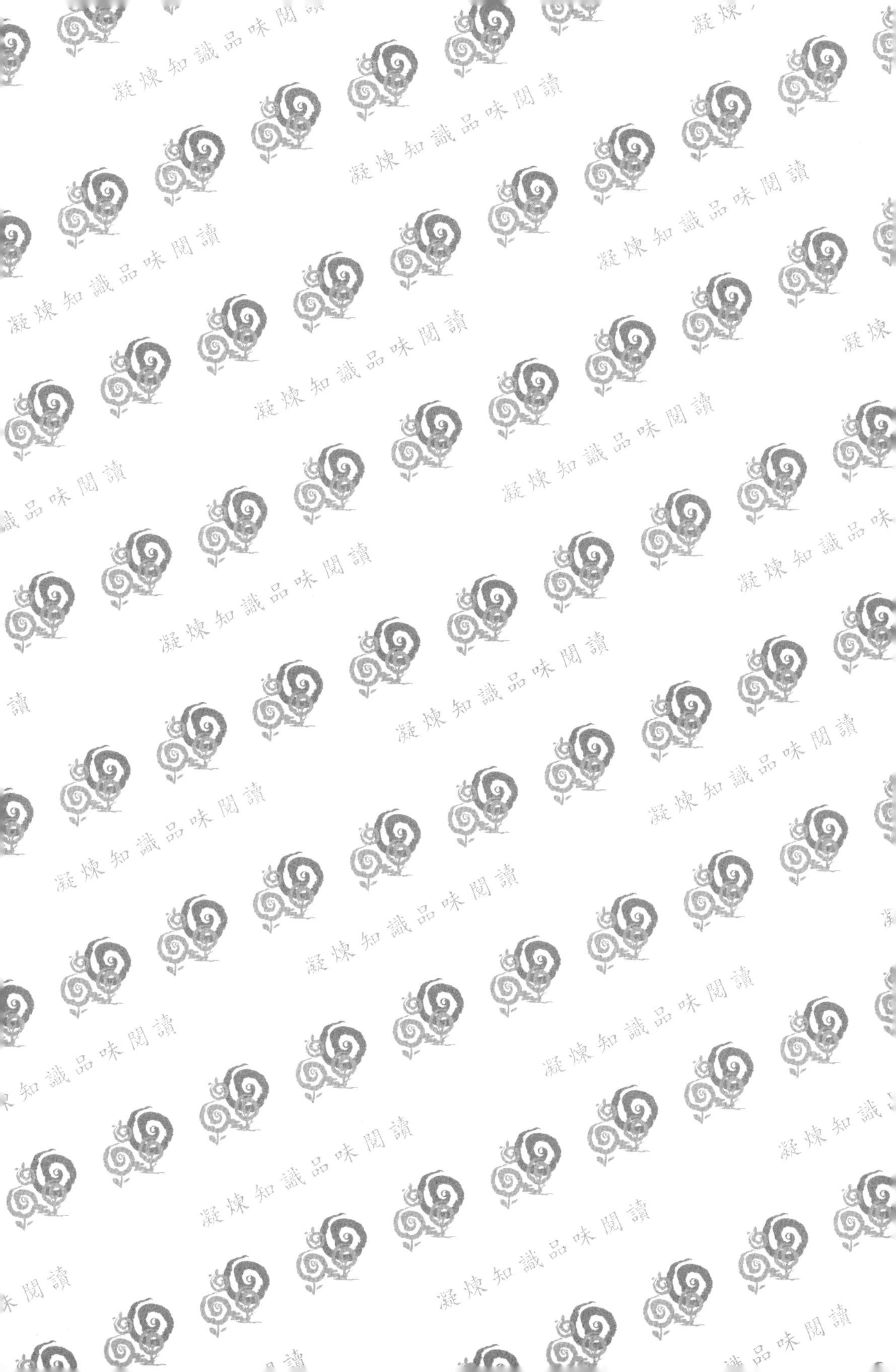
凝煉知識品味閱讀

菜單規劃設計

Menu

五南圖書出版公司 印行

張金印 著

自 序

從菜單規劃所延伸的意義與功能，指出「菜單」已為餐廳的經營做了定義，定義出餐廳的風格與服務的調性。菜單是一家餐廳的起頭，從市場的定位、廚房的設施、營運的器具、餐飲的服務、人力的安排以及營收的高低……等，都是根據菜單而演繹。菜單設計是一門可以活潑且深入思考的功課，在不斷的更新過程中，將逐漸累積自我的經驗值，與時俱進。

本書之撰寫以實務為導向，以學理為依歸，著重在觀念的啓發、理論的說明，而期望兩者能相互印證，讀者或能有些許收穫，是作者衷心之企盼。

文字的書寫盡量不純粹學術化，而希望帶有文學藝術質感，讓讀者有所咀嚼反思。本書不特意收集各式菜單，因為網路上已可以找到許多，亦不特別引用設計，因為有專業設計廣告公司可以替你處理。

每章加入「B-Story」，敘說發生在飯店中的小故事，或與章節主題有關，或寫職人廚師的心路歷程，有感動，有想法，以呈現飯店業的多采多姿。餐飲服務業是不會消失的產業，目前與未來的發展只會更加蓬勃，我期盼在這個持續發展演進的產業中，一同成長進步與奉獻。

本書的15章資訊系統管理，有關POS系統導入與ERP系統之設計與運用說明，特別感謝好友資訊系統管理專家傅忠正先生之大力協助，使得內容更加扎實精確。

另外，本書增加特別篇故事〈我的印度婚禮〉，藉由一場印度餐會，以中印異國戀情譜一新曲，將香料所帶來的感動彩繪出飲食的幸福。因為，人生的菜單原本就多采多姿！

最後，要謝謝姪女張舒晴的協助，以其蘊藉的中文底子，對本文稿的整理與校對。

CONTENTS

目　錄

第一章
緒論

菜單規劃設計是餐廳經營之鑰，其重點在於市場性，一份優秀的菜單可以讓消費者容易接受，創造足夠的熟客，並進而帶來他（她）的朋友來消費；如此一來，這家餐廳必然生意興隆，甚至必須排隊等候。然而，決定一家餐廳生意好壞的因素，除了菜單的設計之外，產品本身的優劣實屬關鍵，此外，還包括立地條件、服務品質、定價策略及行銷策略等。

有些餐飲企業一開始生意很好，但是一段時間之後就走下坡，也有一些餐飲企業剛開始經營並不理想，但是經過不斷的努力與修正，生意逐漸好轉，終於開創出一個局面。因此，以餐廳的生命週期而言，能延續超過數十年甚至百年以上的可說極少，這乃是人的因素造成的。

一、菜單規劃的方向性

餐飲業是勞力密集的行業，充滿許多人爲變數，需要運用一些方法，讓人爲變數降低，甚至不再成爲相對變數，進而能提供一致性的產品與服務品質。餐飲服務必須著重在經營管理，必須將許多人爲變數，利用管理技巧，將變數切割成標準流程予以控管。餐飲品質的維持重點在於標準化，不管是招牌特色料理或是其他一般餐點，都要運用方法使其品質維持一致性。因此，在菜單規劃時，便須預先做好布局，同時考量人力的配置與操作流程，減少阻礙，增加流暢度，達到營收與周轉率齊升、損耗同客訴銳減的成效。

菜單設計規劃是開設餐廳的第一步，用口語來說即是：「我們要賣什麼？」因著我們想要提供給消費者的產品，而必須規劃出一家適合提供這樣的餐飲的餐廳，因此，從市場調查、地點的選擇、店面的設計，都是根據菜單而有了明確的方向。

二、菜單設計的系統性

菜單設計是一個系統化的過程，不僅止於開好菜單罷了，因爲它是一家餐廳從籌備到營運的源頭，牽涉到產品規劃設計、成本分析、定價策略、收銀系統、餐廳營運之進銷存、餐飲服務流程、餐廳之空間規劃與動線設計、會計分析報表等等。

許多人第一次開餐廳，會從接手頂讓的餐廳開始，這與菜單設計的系統性有所衝突，這時需要做出調整，盡量從系統性著手，否則會有不知問題出在哪裡的狀況發生。因爲，通常接手一家餐廳時，會爲了節省成本，直接以現況去調整菜單與商品服務，有什麼設備器具就做什麼餐點或服務，不是因爲要提供什麼餐點服務，而決定購置所需的設備器具。

茲以圖1-1餐廳設計系統圖表示。

菜單規劃設計第一步，最好是找到擁有好手藝與好品德的主廚，由他來開立菜單，將他最拿手的料理開立出來，與餐廳經理一起討論，透過餐廳經理的市場敏感度與服務經驗，訂出最佳的菜單組合。

第二步是市場調查，了解消費市場的分布，尋找最適的開店區域，知道餐廳的目標客群是誰。第三步就是選擇開店的地點，以符合顧客的方便性，能就近提供最佳的餐飲服務。再來是餐廳店面的設計與裝潢，尋找傑出的餐廳室內設計師與廚房規劃公司合作，討論符合餐廳主題的風格，再由設計師畫出專業的餐廳設計圖，決定好設計圖之後就可以發包施工了！

這時已經進入餐廳籌備期，主廚需要將定案的菜單製作出「標準配方表」，其標準配方表必須涵蓋所有的菜色料理與飲料，飲料部分的標準配方表則由吧檯員製作。等到配方表都已經製作完成，則進入成本之分析與計算，算出每一道餐點的標準成本，這是作爲定價策略的依據。有了每一道餐點的成本，則讓定價有一個依據，並且能夠明

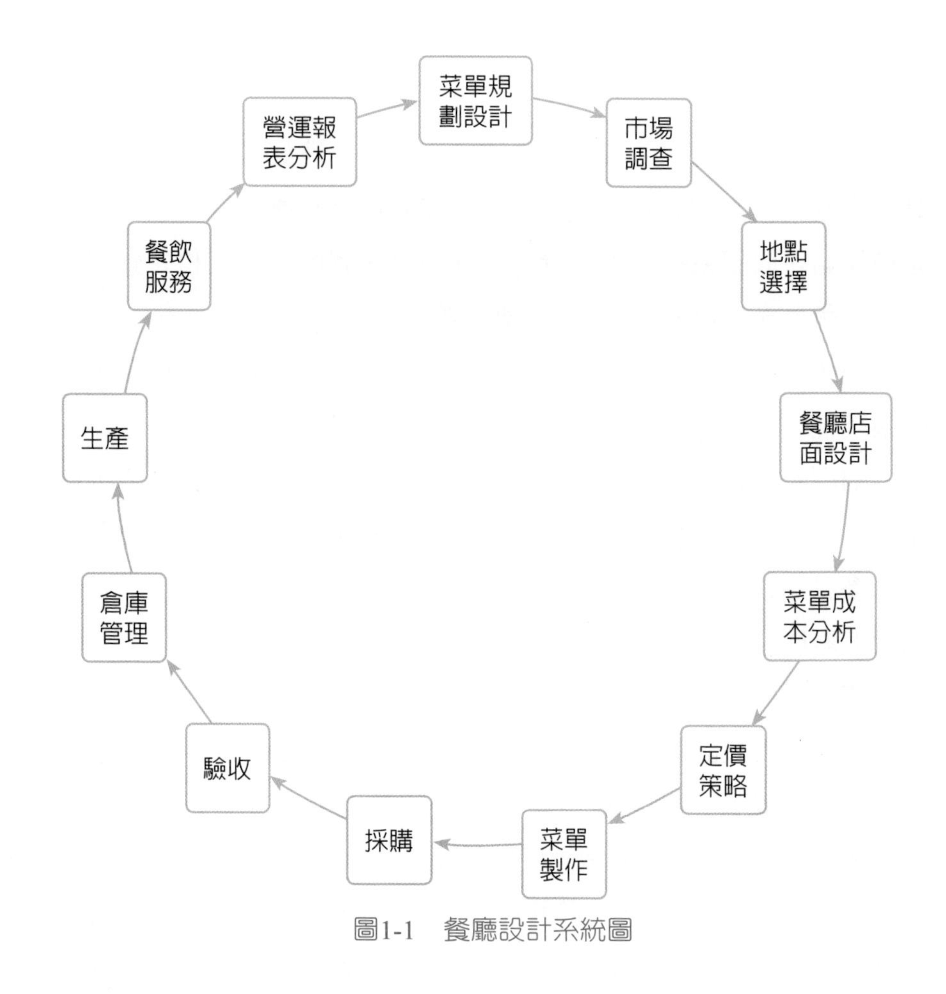

圖1-1　餐廳設計系統圖

白「標準成本率」。

菜單價格決定之前可以先行試菜，請廚房將所有餐點製作出來，餐廳人員一起試吃，提供改進意見。有些餐飲企業則會先請客人試菜，再請其給予回饋，甚或給予售價上的建議。等這些步驟都完成後，則可以請專業廣告設計公司幫忙設計菜單了。菜單設計完成並且印製好，餐廳也已裝潢好，服務人員訓練就緒，收銀系統架設完成，就準備開門營業了。

餐廳營業的齒輪已然啓動，從採購開始，貨品進入驗收，入倉庫，生產單位開單領貨，備貨完畢即可準備接單出餐了。於是乎如店家所期待一般，客人蜂擁而來，生意非常好，餐飲服務也做得讓客人滿意。到了期末結帳，製作營運分析報表，告訴經營者，目前爲止的所有營運狀況，並期待下一個循環！

三、菜單設計的循環性

菜單規劃設計是一個不斷循環的過程，一般而言，餐廳營運一段時間之後，有必要更新菜單。菜單的更新又是一個工程，因此，經過菜單分析工程之後，餐廳可以設計出新一期的菜單，之後就接續菜單成本分析、定價策略、採購等等作業流程，周而復始。茲以圖1-2菜單設計循環圖表示之。

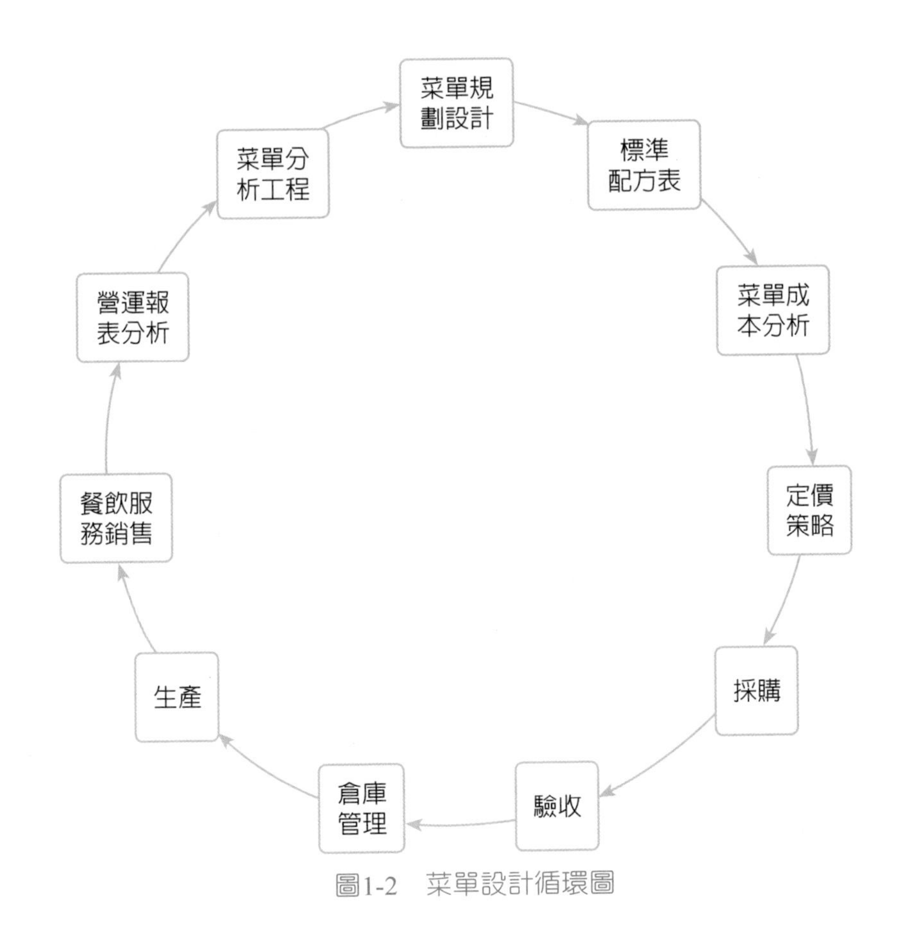

圖1-2　菜單設計循環圖

菜單設計有其循環性，因爲一家餐廳的菜單不可能一成不變，它必須隨著時間而演進，顧客不可能期待一家沒有推陳出新的餐廳，畢竟人會對不變的事情感到膩。此外，菜單也會因爲許多因素而改變，例如更換新的主廚，每位主廚有其拿手料理，換主廚所以菜單有更換的必要。租約到期也是一個因素，搬新地點重新裝潢，菜單也會更新。換手經營也是一個更換菜單的契機，因爲很可能內外場的人事全都更新了！

因此，菜單設計循環從新的菜單規劃開始，將最適合消費客群的菜單組合開立出來，定稿之後，爲了多項因素必須將所有的餐點，製作「標準配方表」（Standard Recipe）；其因素有品質上的考量、成本的計算與定價的考量、採購的依據、餐廳設計與服務流程的指引等。在一般工廠生產管理領域裡面，會用到所謂的BOM表（Bill of Material），就是生產一件產品所需的模組、零件與材料等的組合，即是物料清單；以生產管理作業流程而言，都是在講同一件事。標準配方表完成之後，就要進行成本分析，國際大飯店會有成本控制部門來做這件事，小餐廳則可能由主廚與經理或總務來做。成本分析完成後，即可知道每一道餐點的標準成本，用以決定售價，制定出標準成本率%。

上述幾個步驟完成後，即進入「成本控制循環」；從採購、驗收、庫存管理（領發貨）、生產、餐飲服務銷售、營運報表分析。順著這個思路下來，經營一段時間之後，或許到了必須更換菜單的時機，菜單分析工程就上場了，將這段期間的營運資料調出來，使用菜單分析工程方法（請詳十四章），做出分析表，將苟延殘喘型的品項予以剔除，換上新的菜色，並調整其他品項，如此即能有效且合理地設計新一期的菜單。菜單設計完成後，再根據「菜單設計循環圖」的步驟一一進行……，是所謂菜單設計的循環性。

四、菜單設計的未來性

餐廳的經營管理有其理論系統，與一般企業之經營並無二致，如何在產、銷、人、發、財這幾個構面，都做到最佳狀態，是所有經營者夢寐以求的。開一家餐廳是一件簡單的事，只要有錢就可以辦到，但是，開一家賺錢的餐廳就不是一件容易的事。

餐飲市場競爭激烈，每天都有新的店開張，但每天也有店關閉，根據主計處統計，臺灣的餐飲業一到五年內會有32%退出市場，然實際上其比率應該更高。根據行政院主計處資料，按行業別所做分析，餐飲業計10萬6,269家，五年間增加2萬2,112家，以餐館業8萬7,665家居首，增加1萬8,059家亦最多。換算下來，平均一年大約有三千六百家餐廳新開幕，即使只以32%計算，一年也有一千一百多家餐廳關閉。請詳表1-1「住宿及餐飲業企業單位開業時期按行業別分。由此可知其競爭之激烈」。

圖1-3　商品的櫥窗

表1-1　住宿及餐飲業企業單位開業時期按行業別分

單位：家

	民國100年底				民國95年底 ②	存活率（企業經營存活5年及以上比率）③＝①/②*100（%）	退出率 100-③（%）
	合　計	民國95年以前開業①	民國96～99年開業	民國100年開業			
總　計	**112 364**	**60 835**	**35 761**	**15 768**	**88 739**	**68.55**	**31.45**
住宿服務業	**6 095**	**3 837**	**1 769**	**489**	**4 582**	**83.74**	**16.26**
短期住宿服務業	5 978	3 776	1 728	474	4 424	85.35	14.65
其他住宿服務業	117	61	41	15	158	38.61	61.39
餐飲業	**106 269**	**56 998**	**33 992**	**15 279**	**84 157**	**67.73**	**32.27**
餐館業	87 665	48 982	26 638	12 045	69 606	70.37	29.63
飲料店業	17 090	7 122	6 858	3 110	13 504	52.74	47.26
其他餐飲業	1 514	894	496	124	1 047	85.39	14.61

資料來源：行政院主計處http://www.dgbas.gov.tw/ct_view.asp?xItem=37508 &ctNode=3267

餐飲的發展一日千里，尤其在網路無國界的現今更為激烈，身為餐飲業者更需要努力在各方面做到最好，挖空心思研發餐點，創新菜色，不只求得生存，還要能夠賺錢。

菜單承接著餐廳發展的重責大任，它是商品的櫥窗，它是消費者的指引，它是生產銷售的準則，它是餐飲服務的依據，它也是未來的無限想像。

B-story-1

旅館幹部研習營

「服務人員就是要有無可救藥的熱情！」嚴長壽對著與會的學員如是說，他談起亞都麗緻創立的願景與過程，一路走來的旅館人心路歷程，溫馨感人。主辦單位今天特別邀請這位，有著「旅館業教父」之稱的嚴總裁，來做開幕演講。他的魅力果然無法擋，演講結束之後，大家紛紛找他拍照留影，Betty也不例外，懷著粉絲的心情，她拉著Mandy也排隊等候，終於如願地與她心目中的偶像留影。

在10月一個微雨的清晨，Betty與人資副理Madny一起搭車到翡翠灣報到，參加由交通部觀光局主辦的「旅館幹部研習營」。這次研習營三天二夜，由觀光局委託給中華民國觀光旅館學會辦理，提供給全國觀光飯店二至三名的名額，假太平洋翡翠灣舉行。KK國際大飯店餐飲部協理決定由Betty參加研習營，客房部正值人員輪動，無法派出人選，人資主管就安排副理Mandy一同參加這回的訓練。嚴總裁演講之後，第二堂課是由重量級前輩詹益政來上課，講述旅館經營的待客之道：什麼是「Hospitality」？

到現在Betty還清清楚楚地記得詹益政的一段話：「旅館是旅行

者的家外之家，度假者的世外桃源，城市中的城市，文化的展覽櫥窗，國民外交的聯誼所，社會的活動中心。」對啊！這就是飯店，她心有戚戚焉！

三天的課程緊湊活潑，除了課堂講授，還有分組討論，也有體驗活動及參訪。上課講師都是業界知名專業經理人，將旅館管理以實務案例及業界經驗，做了充分分享，真是一次受益良多的研習營。

最後一天請到了蘇國垚來做經驗分享，蘇是亞都麗緻體系出來的總經理，目前在「高餐（高雄餐旅大學）」教書。蘇國垚風趣幽默，小故事、小笑話一籮筐。上課時他總是交代大家不要去打擾周公，因為他很忙的！而且你也不知道周公叫什麼名字。Betty還記憶鮮明有關蘇國垚的一段話：「服務的理念有千百個，但是記得，『微笑』是你的終極信仰！」

學習評量

1.請問決定一家餐廳生意好壞的因素為何？

2.請說明菜單規劃的方向性。

3.請說明菜單設計的系統性。

4.試畫出餐廳設計系統圖。

5.請說明菜單設計的未來。

6.請說明本書之「餐飲成本控制循環」。

第二章
餐飲服務緣起

一、餐飲服務演進之一：古代中國

人類文明的發展循序漸進，從原始模式逐漸展開，餐飲與服務的發展也是一樣。農業社會，工商產業不發達，餐飲的需求不明顯，自然少有其供應與發展。隨著社會的變遷、人口的移動、商務的往返，漸漸有了餐飲服務的需求，供應自然而然地出現了。

「渭城朝雨浥輕塵，客舍青青柳色新，勸君更盡一杯酒，西出陽關無故人。」這首王維的詩描述了一個場景：故人將遠赴西域，朋友設宴在咸陽城中的一家小客棧爲他餞行，孟春時節，楊柳初萌，依依難捨地把酒道別……。時空背景是唐開元年間，約西元713左右。

時間往前推移一千五百年，春秋時代，孔夫子帶著幾名學生周遊列國，栖栖惶惶，食不知味，寢不安枕，整個遊程沒有五星級大飯店，沒有民宿，有的只是小小客棧，大部分時間還是借宿廟寺、人家屋簷下，更可能是餐風露宿街頭。尤其那個群雄割據的亂世，社會動盪，民不聊生，要能好好享用一頓正餐，以及餐飲的服務，除非是君王或官宦家宴請，否則相對困難。那時候有所謂「客舍」、「館舍」或「候館」，但多數是官方爲提供給公差使用的旅館，民間所能提供的必然相對簡陋許多。畢竟在那個時代，商務與旅遊不發達，需求不多，供給自然有限。到了秦漢時設有「驛站」，提供官差住宿與餐食，與周朝相似。

眞正令經濟能夠迅速發展的時間點，應該是在秦朝，秦朝制定了統一貨幣政策後，民間始能進行大規模的交易。交易可能是以物易物或以錢易物，於是，食物可以方便從交易中獲得，餐食的販賣也就更加容易。

二、餐飲服務演進之二：餐廳的起源

餐館在古代時有很多種稱謂，文獻考據的有「旗」、「酒家」、

「酒肆」、「客棧」等。然而餐飲業眞正普遍流行，大約在漢、唐時代，設有「客舍」與「亭驛」，方便來往的官宦與客商食宿，並提供「代客泊車&加油站」服務——即馬及馬車的停放與馬料提供。慢慢地，都會的大街小巷可看到肉店、酒店、熟食店等，烹調技藝也更加講究與進步。宋代張擇端所繪「清明上河圖」，表現出當時大都的熱鬧與繁華，在一個承平時代，經濟發達，一片昇平，餐飲的發展欣欣向榮。

中國大陸幅員遼闊，種族眾多，但是隨著歷代戰亂，改朝換代之後，因著許多種族的融合，傳統飲食轉趨複雜，呈現出更加豐富的飲食文化內涵。到了清朝末年，列強進入各租界地，又再一次促成餐飲上的交流與變化。民國成立到現在這一百年間，飲食的變化超越過去千年，因著交通與網路的發展，世界已經成爲地球村，資訊讓國家之間無藩籬，世界正同步向前走。

三、餐飲服務演進之三：西方世界

西方餐廳的緣起有一說：餐廳的起源應該在羅馬時代，在羅馬市有名的「克拉克拉」浴場，可容納一千六百多人，其間有許多的休息室、娛樂場所等，並供應餐食及飲料，此爲早期餐廳的原始形態。由此可以推估，古羅馬帝國的人民已開始有外食習慣，且因商旅活動頻繁而較爲普及。

根據法國大百科辭典的解釋，餐廳是爲恢復元氣，給予營養的食物與休息。Restaurant這個英文字，源自法文的動詞restaurer，所以餐廳是提供餐食與休憩的場所，亦是顧客恢復元氣的地方。到了晚近約1650年，在英國牛津出現了咖啡屋。1765年法國人Mon Boulanger以羊腳腿骨製成的湯品，命名爲Le Restarant Soup，頗受歡迎，因而以此湯作爲餐廳名稱，後來被沿用爲餐廳的同義詞（Rebecca Spang, 2000）。

圖2-1　古羅馬浴池

餐飲服務的興盛，通常出現在太平盛世，百姓安居樂業，風調雨順，物產豐饒，人們得到溫飽之後，才有餘力從事藝術與休閒活動。這個時候街市繁榮，各行各業興盛，商旅絡繹於途，經商與外出訪友或是專程旅遊的人們，就有住宿及餐飲服務的需求，於是餐旅的專業供應便開始出現。在朝代與時間的遞嬗中，餐旅的商業模式不斷更迭變化，一步步創新發展，一代代更加進步；現在的變化更是日新月異呢！

在西方世界亦是如此，一樣從農業社會進展到城市都會。新的帝國建立之後，會有一段時間的太平盛世，文化藝術得以發展，飲食水準也有長足的進步。人類文明的進展是隨著時間的腳步，一步一步往前邁進的。西方世界的文明起源於兩河流域，慢慢往歐洲大陸發展，從後代歷史的紀錄可以看出，東西方世界的演進，各有千秋。

四、餐飲服務演進之三：工業革命之後的新世界

17世紀末以英國爲首開始的工業革命，對人類產生巨大的影響，它超越了國家的限制。資本主義抬頭，工廠林立，商業活動蓬勃發展，對餐飲服務有了巨大的需求，其中，團體膳食的需求最爲巨大。

商業活動的增加，促進了餐旅業的發展，住宿與餐飲產業有了新的風貌，於是，餐飲服務也跟著欣欣向榮，有了跳躍式的成長！

此外，法國大革命之後，王公貴族沒落，以往服務於貴族的專業廚師，只得到民間開起餐廳以謀生，餐飲業的烹調技術因此有了相當的提升，這些都促成餐飲服務進入一個新的層次。

五、今天的餐飲服務

21世紀是一個嶄新的世代，二次世界大戰後迄今，已經有七十年的和平，長時間的和平，帶來人口激增，國際貿易熱鬧滾滾，再加上蘇聯解體，大陸開放，造成經濟高速成長。電腦與網路的出現改變了人類的生活，資訊與電信科技的發展，讓國家無藩籬，世界無距離。這些標示著許多的進步與革新，許多以前看不到的事物都一一登場了。餐飲業的發展也出現許多革命性的進步，例如POS系統的出現，利用手持式裝置作爲點餐的工具，菜單秀在螢幕上，客人可以直接用手觸控點餐等，這些都改變了人們以往用人工作業的方式。

此外，餐飲的發展更因爲高度的競爭而推陳出新，現代廚師不斷發揮創意，從意想不到的角度，創新了料理的風貌。再加上全球物流的蓬勃發展，自由貿易使得貨暢其流，各式各樣的食材取得方便，也讓創作有了多元的素材，茲介紹幾款新的餐飲形態。

1.「融合料理Fusion cuisine」

由於食材取得便利，讓傳統的餐點菜餚有了新的融合。從早期因爲「新航海」時代，讓不同地域的族群與國家，有了新的接觸。其後，歐洲列強的殖民運動，將宗主國與殖民地的文化與生活做了接觸與激盪，其中飲食文化自然而然受到影響，甚至在地域食材的差異下，會改變其風貌甚至是味道。例如：美國的「Cajun cuisine凱君料理」、「Creole cuisine紐奧良料理」、越南的「法國麵包三明治」、臺灣的「日本料理」、澳門的「葡式料理」、菲律賓的「Relleno,

Mechado, Pochero, Leche Flan等殖民風格料理」。

其後，「Fusion cuisine多國籍料理」（無國界料理）展現風潮，「Euro Asia cuisine歐亞料理」引領風騷，因著全球物流的發達，食材無國界，料理已不再是單一選項，世界各國的傳統料理可以同在一家餐廳呈現，熱鬧繽紛。

2.「創意料理Innovation cuisine」

結合許多元素交會融合，迸發出新的創意，沒有國家地域的限制，任何食材都可入菜，最重要的是餐具的創新變化，讓餐點菜餚的呈現更具風格。

圖2-2　創意料理Innovation cuisine

3.廚藝的革命——分子料理

新的紀元，風起雲湧，由於料理職人的不斷努力，將料理推上一個個高峰，但因不滿創意料理的熱潮，有人另闢蹊徑，於是出現了「分子料理（Molecular Gastronomy）」，它是法國科學家Hervé This和匈牙利科學家Nicholas Kurti於1988年所創設的名詞，由於兩人將食物於烹飪過程中之化學及物理變化，當做一門嚴謹學術加以研究，故命名爲「Molecular and Physical Gastronomy」。Kurti於1998年過世後，This更進一步將之縮短爲「Molecular Gastronomy」。而將分子廚藝一舉推向高峰者，當以西班牙名廚Ferran Adrià及其餐館elBulli爲代表。它顚覆了料理的傳統，運用許多新式設備及前所未有的烹調手法，將食材分解重組，以你意想不到的風貌來呈現廚藝。

然則，能將餐飲服務推向高峰的最重要因素，是因爲人們願意花錢享受美食，因爲富有所以能夠支付這些消費，甚至追求奢華極致的美食饗宴。而先享受再付款的現代信用支付制度，也將生活方式帶向新的紀元！

圖2-3　餐飲服務的新紀元

B-story-2

Bus stop

Betty第一次出現在點心廚房是今年3月初，飯店餐飲部決定在飯店靠大馬路的一隅，開一間Bus stop外賣小店。這間店面原先是一家西服店，由於到期不續約，經過飯店高層評估之後，決定交給餐飲部經營。取名Bus stop是由於外面有許多公車站，人潮多，店面不大，主要販售西點蛋糕、手工麵包、三明治，以及咖啡飲料等。西點蛋糕、手工麵包由點心房供應，三明治由咖啡廳廚房供應。餐飲部協理決定由咖啡廳派人負責，編制三人，有人休假時則由咖啡廳派人代理。咖啡廳經理在挑人時，覺得Betty的個性主動活潑，人又甜美，相當適合這個工作，於是就派她來負責Bus stop的籌備與營運。

基本上Bus stop是一個小型bakery shop，飯店烘焙坊的形態，再加上有輕食三明治與飲料的外賣店。接近四坪的空間並不算小，規劃放置一個蛋糕櫃、中島麵包櫃、收銀櫃臺、飲料工作臺，及靠牆面的貨架，上面擺設一些飯店的紀念商品與荷帝亞果醬與茶品。

蛋糕與麵包銷售品項，是由點心房主廚列好清單，並提供「標準配方表」給成控室算出成本，再由餐飲部協理決定售價；飲料價目則由Betty負責。為了讓Bus stop有競爭力，售價的決定頗費一番功夫，協理與Betty討論過數回，終於決定以中高價位切入市場。飲料價目表掛在櫃臺後上方，其餘商品都使用小價目卡夾在每一個品項前面，這些糕點時常更換，因此，價目卡就必須經常更改。一個小小的Bus stop經過一個多月的籌備，終於正式與外界見面了！

開始營運之後，Betey才真正領教了人潮的魅力。由於小店前面是公車站牌，等車的人會注意到這家店，在車子到達之前，他們會進來逛逛，雖然逛不等於會買，但是，總有些人會消費，尤其當新鮮麵包或蛋糕剛上架時，最會刺激人的購買慾。再加上這些商品並不貴，以飯店級的品質與形象，頗有競爭力，常常沒多久就銷售一空。Betey需要常常到點心房，找師傅要求增加品項與數量，點心房副主廚Tony便成為她每日的工作夥伴。

Tony生性活潑，講話逗趣，每次她去點心房，他總是說：「小姐生意不錯哦！今天妳賣了多少？」Betty總愛更正他說：「我不是在賣東西，而是銷售，銷售OK？！」這似乎成了他們的習慣對話。Betty有一天對他說：「下個月我們換幾個新產品如何？」「什麼？！」似乎天色已經暗了……。他總是要做出誇張的表情，「我們很忙的，你不知道嗎？」「可是客人會膩的，師傅，加油哦！你做得到的，等你哦！」

Tony不曾令她失望過，每次總是有新的驚喜，不管是麵包還是西點，常常叫人耳目一新。

學習評量

1. 請說明古代中國的客舍與館舍。
2. 請說明西方世界餐廳的起源。
3. 請就你觀點說明餐飲服務的興盛為何會出現在太平盛世。
4. 請說明工業革命對餐飲服務產生什麼影響。
5. 請說明融合料理（Fusion cuisine）。
6. 請說明創意料理（Innovation cuisine）。
7. 請說明分子料理（Molecular Gastronomy）。

第三章
菜單與飲食文化

一、飲食文化的定義

何謂飲食文化？那是各地人民生活的形態、飲食的方式與習慣，是一種長久以來慢慢形塑出來的點點滴滴；最主要分別之處在於地緣關係與資源的取得。俗話說：「靠山吃山，靠海吃海。」當地有出產什麼就吃什麼，這也是不同地域間的差異。大地產出各種物資爲人類使用，生活在哪裡，就只能享用那裡的食物，然而，民俗與信仰、風土民情等都是造成飲食差異的因素。各家學者有許多不同的敘述，但又主要觀點一致的說法，茲整理各家的說法如下表：

表3-1　飲食文化定義彙整

姓名	年代	定義	備註
G.H.Pelto	1981	生活形態的影響因素： 收入、職業、教育、種族、地域、宗教信仰、健康、知識、生理、社會經濟、政治、食物產出等。	
Marion Bennion	1995	由我們所發展，決定自己的飲食的方式與喜好的程度，我們所食用的食物，也會因其他途徑與其他地區的食物結合起來，發展出與我們的飲食習慣截然不同的另類飲食文化。	
石毛直道	2001	人類是會想要去做菜的動物。 人類是共食的動物。 三大飲食文化圈：手食文化圈、箸食文化圈、刀叉匙食文化圈、	
Pamela GoyanKittler	2000	人類會烹調食物，將食物中可食用的內容予以豐富變化，使用石器吃飯，並創造出多樣器皿以因應不同飲食功能。	
徐靜波	2009	飲食，原本指是動物為了求生存，而進行的一項行為，尚處於蒙昧食代的人類，飲食也只是具有形而下的意義。但是進入文明社會後，飲食往往具有精神上及文化上的積極意義。	

食物是大地的禮物，但文化是經由學習而產生，不是與生俱來的，人們生活在相同或不同的地區，能吃的食物可能相同，但是經過政治、經濟與宗教信仰的制約，會產生許多差異性。綜上各家所述，可以說飲食文化就是：「不同的人群，因為不同的地域、宗教、信仰、種族、氣候、生活條件、食材獲得、傳統風俗、飲食習慣等，所形成其特有的生活飲食方式。」

根據石毛直道、鄭大聲（1995）編著之《食文化入門》，將飲食文化圈分成三個，即「手食文化圈」、「箸食文化圈」、「刀叉匙食文化圈」。此為地域與族群之間生活上的差異，因著進食所使用的器具之不同，產生不同的飲食圈。

圖3-1　飲食圈

二、地域性的飲食文化差異

地域是飲食文化差異的最主要原因。前人常說：「靠山吃山，靠海吃海。」生活在什麼地方，就必須依賴當地的產出食物維生，能夠找到什麼食材，就吃什麼！尤其早年交通不便，貨物的流通不像現在方便，難以獲得遠地的食材。食物的烹調方法是一代代所傳下來的，可是經過人類的遷徙、貿易、移動甚至戰爭，將烹調方法及食物流傳出去或受到影響，烹調方法慢慢更加多元豐富。

時至今日，因著長時間的和平，國際貿易頻繁，網路無國界，整個世界已經成為地球村，各地特殊食材的取得輕而易舉，國際商務與旅遊的興盛，更是將飲食的風貌做了巨大的變革，是豐富也是複雜化，交流、融合、創新、改變，地域性的飲食文化已經不再是以往單純的樣貌了！

圖3-2　豐富的食蔬

三、種族與飲食文化

種族是飲食文化差異最主要的臨界點。人是群居的動物，因著地緣關係，種族便形成了。每個種族有其信仰與傳統，是長時間累積下來的，這會形成對飲食習慣的影響，什麼可食，什麼不可食，不同的季節要吃不同的食物，當然這要看他們可以獲得的食物而定。此外，漁牧農耕以及狩獵，對於食材的豐富性起了重要的影響，大大地增加了食物的供給。

四、飲食紀錄

中國歷史悠久，又融合了許多不同的族群，幅員廣大，地域遼闊，山川文物豐饒，產生了中國博大精深的飲食文化。在一千六百多年前紙張被發明，改變了書寫歷史，一千多年前活體印刷術發明之後，更是讓人類的文明能更迅速地傳播。紙張取代了以往竹簡的書寫，紙張顯得更爲輕盈便利，此一發明讓竹簡走入歷史。

隋唐時代出現了所謂「食單」，食單即是菜單，一方文書記載著餐飲的產品。根據史料記載，民間對於飲食的記載也多了起來，若以朝代順序編排，《呂氏春秋》卷十四的〈本位篇〉描寫了當時人們對於飲食及烹飪的認識，從文本中可以知道，二千多年前的人們對於飲食已經非常講究了，肉食的需求很大，由此可知畜牧業已經相當發達。

另外，東魏農學家賈思勰寫的《齊民要術》是我國古代的一部農業百科全書。本書提出「食爲政首」的重農思想，強調「治國之本，在於安民；安民之本，在於足用」，把農業生產提升到治國安民的基本。

魏晉南北朝時，南朝宋人虞宗寫過一本《食珍錄》，由於他身居高位，所以書中有記載六朝帝王名門家中的珍饈美饌。其後，隋朝謝諷寫過《食經》，記載了南北朝至隋朝飲食約五十種，裡面多是王公貴族的私房菜目。至於唐朝韋巨源有《燒尾食單》，是他在唐中宗景龍年間舉辦《燒尾宴》的食譜紀錄，可以看出唐朝高級宴會的格局、餐點及烹調技術等，但是這部《燒尾食單》的內容與唐朝傳統燒尾宴相比，已殘缺不全，只留下五十八種菜名與少量後人的注文。

到了北宋年間，陶穀寫了《清異錄》，這本書不是專門的食譜著作，但其內容關於食材介紹、烹調技術等等的記載，已超過全書的三分之一。

宋代陳達叟寫過《本心齋疏食譜》，此書成書的緣由十分有趣，陳達叟本人的飲食習慣很清淡，所以每當有客來訪，他都會準備淨素蔬食招待，賓客皆讚嘆，於是便和主人討論起來，陳達叟就把這些記錄下來，集成本書。全書共記載蔬食二十類。

南宋林洪寫過《山家清供》，全書共兩卷，記載一百零四種食品，素食爲中心，也有少量葷食。值得一提的是，書中已有記載一些使用藥材烹飪的食療食譜。

元朝忽思慧寫過《飲膳正要》，是一部融合蒙漢兩族飲食文化的著作，共分三卷。本書爲古代食療專門著作之一，許多記載至今仍有參考價值。另外，賈銘寫過《飲食須知》，全書共八卷，目的在於讓眾人了解到物性之相剋相忌，在飲食調配上要多加注意，才能達到養生的意義。

元代另有《居家必用事類全集》，作者不詳，是一本古代的家庭日用手冊，內容相當豐富，其中也記載有大量食譜，更影響到後來的食譜著作，在烹飪史上非常重要。元末明初的韓奕寫過《易牙遺意》，全書分爲十二類，共有一百五十餘條紀錄，此書不但應用面廣、製作簡明，更記載了一些特殊烹調法，也結合了飲食與治病。

胡衍南（2005）在其〈文人化的《隨園食單》——根據中國飲膳文獻史做的考察〉提到，相傳明朝劉伯溫著有《多能鄙事》，全書共十二卷，內容都是民生實用的飲食、服飾、牧養等等相關技能，其中關於飲食的就有四卷。值得一提的是，其中有一卷是專門記錄利用食品醫治老年常見疾病的食療法，非常具有參考價值。

清朝時李化楠著有《醒園錄》，全書共分兩卷，共記載一百二十多種食品製法。此外，不可不提袁枚寫的《隨園食單》。《隨園食單》中，袁氏強調飲食烹飪必須重視原料的選擇，指出：「大抵一席之餚，司廚之功居其六，買辦之功居其四。」他還強調烹飪必須講究食餚的色香味美，並強調原色原香。書中寫道：「一物有一物之味，不可混而同之。」書中還把烹調美食看成是一個系統工程，需要各方面的條件協調配合。除此之外，袁氏將中國傳統的道德觀融入到其飲食理論中，特設戒單，首開菜單規劃設計的系統格局。

《隨園食單》分爲目錄、序、須知單、戒單、海鮮單、江鮮單、特牲單、雜牲單、羽族單、水族有鱗單、水族無鱗單、雜素菜單、小菜單、點心單、飯粥單、茶酒單等，其中加入了「戒單」，建構了管理的觀念與規範，眞可謂一代宗師（邱仲麟，2004）。

五、國家與飲食文化

國家不是影響飲食文化的主因，有時不同的國家會有相同的飲食文化。因爲組成國家的要素在於土地、人民及主權，一個國家可能會有許多不同的種族結合在一起。以中國及美國來說，就是最典型的範例：這兩個國家地廣人多，有許多不同的族群，講著不同的語言，東南西北有著極大不同的吃喝，卻生活在同一片土地上。我們常說美國是一個文化大熔爐，全世界各色人種都可以在美國發現，生活飲食相互影響，創造出美式飲食文化，一個最大公約數的組合形態。

以美國而論，現代人熟知的薯條漢堡是一個典型的速食飲食文化的代表，但不能直接就說這是美國這個國家的飲食文化，美國的飲食因爲族群眾多，其實是交錯而複雜，深入探究將會發現有許多未知的事物。美國有四十多族的原住民，他們以各種狩獵而來的動物野味及水產爲食物，並以玉米、豆子、堅果、麵包等作爲日常飲食。美國多數人民是來自世界各國的移民，他們帶著自己國家的飲食文化來到亞美利堅，爲了生活必須取得足夠的食物，所以他們種下能夠養活他們的作物，也種下從家鄉帶來的植物，畜養家禽家畜，依然從農漁牧開始異地的生活。

飲食融合是一種化學變化，是不同食物碰到不同的人，運用不同的料理手法所產生的結果。既然美國有來自世界各地的人，他們會想念家鄉，會想品嘗故鄉的味道，因此利用當地食材做出家鄉菜是理所當然的事，並產生許多精彩的創作；非洲、亞洲、歐洲裔的移民，努力在此領域開發出許多令人讚賞的菜餚。

六、宗教信仰與飲食規範

宗教信仰是飲食文化差異最重要的分歧點。

在人類漫長的演進過程中，宗教是什麼時候開始進入人類的生活中已不可考，但目前全世界最重要的宗教大致可分為下列幾種：

1.猶太教　約有四千多年的歷史，為猶太人的宗教。
2.印度教　約有四千多年的歷史，是印度人的宗教。
3.佛教　約有二千多年的歷史，為世界性的宗教。
4.道教　約有二千多年的歷史，為華人世界的宗教。
5.基督教　約有二千多年的歷史，為世界性的宗教。
6.天主教　約有二千多年的歷史，與基督教系出同源，為世界性的宗教。
7.伊斯蘭教　約有一千多年的歷史，為世界性的宗教。
8.喇嘛教（藏傳佛教）　約有一千多年的歷史，為西藏人的宗教。
9.摩門教　約有一百多年的歷史，為世界性的宗教。

不同的宗教有其飲食上的規範，可能是地緣上的因素，也可能是人種的關係，有些較為鬆散，但也有些較為嚴格，尤其猶太教是其中最為嚴格者，請詳第4章，本篇不再贅述。

七、因宗教信仰而分立的餐廳

由於世界經濟的活絡，人們因爲商務而往返於不同國家之間，但是信仰的依靠，使虔誠的信徒，即使出門在外，仍要遵從教義要求的飲食規範。不同的宗教信仰有不同的飲食需求，因爲有需求，便會有供給，這是不變的道理，所以各種不同宗教信仰可以享用的餐廳便出現了。例如，印度是全世界素食人口最多的國家，素食餐廳俯拾皆是；臺灣素食人口也頗多，因此到處都有素食餐廳。素食有全素與蛋奶素之分，端看使用者的信念而定。另外，也有所謂吃齋的信眾，他們只在特定的日子吃素，其餘的時間可依其意願吃葷或素。

伊斯蘭教世界的餐飲業所供應的，必然是符合伊斯蘭教教義規範的餐點（Halal Foods），猶太教食物（Kosher Food）則不像一般餐飲那麼普遍，但是近年來北美地區大型超市已出現猶太食物（Kosher Food）專區，頗受到知識分子的歡迎。

圖3-3　各種宗教信仰

B-story-3

葛瓦瓦達憨vs范仲淹粥

有一次，Tony告訴Betty一個小故事。咖啡廳新進的服務生David是原住民，長得英挺俊拔，輪廓深，雙睫毛，一雙眼睛似乎會說話。David因為負責早餐與午餐的Buffet餐檯，有時要到點心房聯絡師傅加補點心。有一天，David到點心房找麵包師傅Paul討論下週麵包品項的事。聊著聊著，Paul就問他說：「你是哪一族？」David回答說他是泰雅族！Paul又問：「你們的話『牛』怎麼說？」

David回答說：「憨（用臺語發音）。」

「那麼『騎』要怎麼說？」

「葛瓦瓦達！」David回答道。

所以，騎牛就是「葛瓦瓦達憨」。

從此以後，David進到點心房大家就叫他「葛瓦瓦達憨」。

David覺得不好聽，有一次就對大家說：「請不要叫我『葛瓦瓦達憨』！」但是，大家已經喜歡上這個暱稱，尤其是Paul更是不遺餘力地推廣。

有趣的是，不久之後David就調到Bus stop與Betty一起工作，Betty有時還不小心叫他：「葛瓦瓦達憨！」惹得David眼睛為之一亮呢！

****

會計部應收帳款的惠蟬，她在KK大飯店已經十多年了，有一天忽然想到點心房去實習。她提出申請，利用晚上下班的時間，為期三個月。晚班的領班Aber是一個非常風趣的人，有一次他在做

Clufitis櫻桃福連——那是一種西班牙的布丁點心，惠蟬就跟著學。這個點心先做甜派麵，再做成塔皮，裡面放入黑櫻桃與布丁內餡。烤好之後，Aber切了一片給她品嘗，她覺得很好吃，就問Aber這是什麼點心。

Aber回答說：「范仲淹粥。」

「什麼是范仲淹粥？」惠蟬問道。

「從前有一個讀書人，小時候家境貧窮，常常三餐不繼。為了節省花費，他就發明了一個省錢的做法，將所有的食材與米放在一起熬煮，放冷後，切成八份，每餐吃一份，既營養好吃又節省時間，如此一來可以用功讀書。後來，他就考中了進士……」

實習結束後，過了段時間，也不知因為懷念那個味道，還是想再回味一下那種感覺，有一天惠蟬到Bus stop去訂購這個蛋糕，可是惠蟬忘了櫻桃福連的名稱，只記得Aber說過的范仲淹粥，於是她就叫Betty寫：「一種櫻桃布丁，又名范仲淹粥。」

Betty一臉狐疑問：「這是什麼東西？」

惠蟬說：「Aber知道！」

隔天，點心房主廚高師傅上班時，看到這一張訂單（Order Form），覺得匪夷所思，從他當師傅這麼久，也不曾聽說過有一種蛋糕叫做「范仲淹粥」。

他問Betty：「這是怎麼一回事？」

Betty回答說：「惠蟬在點心房有學做過，但是忘了名稱，只記得Aber跟她說了范仲淹粥的故事……。」

高師傅忍俊不住。他了解Aber的個性，喜歡開玩笑，於是，他就交代這個訂單由Aber來做。看來解鈴還須繫鈴人！

學習評量

1.何謂飲食文化？

2.請說明飲食文化差異之原因。

3.請列舉古代有哪些著名的食單。

4.袁枚的《隨園食單》有何貢獻？

5.為何會產生飲食融合？

6.目前全世界有哪些重要的宗教？

7.請就你觀點說明種族與飲食文化的關係。

8.請就你觀點說明國家與飲食文化的關係。

第四章

宗教與菜單

一、宗教與飲食文化

宗教信仰是人類文明的象徵，社會學家李亦園（1978）說：「宗教信仰之所以如此古老，而又普遍存在於人類社會中，是因爲對人類社會的存在，有重要的功能意義。宗教不但讓人們在憂患挫折中，得到慰藉與寄託，同時也是整合團結人群的手段。更重要的是，宗教崇拜的對象，是人類對自己、社會以及宇宙存在的一種目標。」

人類最早崇拜自然界的事物，敬天地，太陽、月亮、諸星都受到尊崇。慢慢地，人類開始有了對上帝（創造天地宇宙的主宰）的敬拜，對諸神的敬拜。於是，世界上不同的人種族群，分別有了他們禮拜的神，各種的宗教信仰，開始發展起來。從宗教的歷史來看東西方世界，不同的人們與地域，各自發展出自己的信仰。宗教未必都是古老的傳說，以目前世界上三大宗教之發展而言，最長也不過二千多年歷史，如以摩門教而言，更是只有一百多年歷史的年輕宗教。

宗教有新有舊，一個宗教發展久了之後，又會分出不同教派，可能因著對教義解釋的差異，也可能因著主事者彼此之間的不合，又因著信仰的傳播，不同族群的人們，接受了新的教派。或是因著君王／統治者的因素，改變其原有的宗教或教義，創立新的，於是開枝散葉，有了一綱多本的多重教派。長久以來，宗教與政治一直分不開，中世紀的君王對於宗教有著決定性的影響，甚至造成政教合一。

宗教信仰對於飲食的規範有著深淺不一的影響，例如佛教，剛開始時並未要求信徒茹素，但是隨著時代的演進，因著信仰的純化而逐漸以素食爲主要依歸。天主教與基督教（新約）則對飲食的要求甚少，伊斯蘭教禁食豬肉與酒，猶太教則有較爲多樣的禁忌與約束，摩門教則對酒與含咖啡因飲料有其禁制。飲食文化是地緣關係的結果，因著當地的產出與風土條件，成就一地的飲食風貌，而宗教則成其制約，從教義上引導飲食的習慣。各宗教紛紛有其不同的飲食規範，茲以下表4-1「宗教與飲食習慣表」摘要。

表4-1　宗教與飲食習慣表

宗教	英文名稱	飲食習慣說明
佛教	Buddhism	1. 不吃所有肉類。 2. 禁食的蔬菜類：青蒜、蒜頭、蔥、韭菜、韭黃、洋蔥、紅蔥頭、蕎、薤。
伊斯蘭教 （伊斯蘭教）	Islam Muslim Halal	1. 不吃豬肉，不可飲酒。 2. 不吃腐肉及帶血的食物。 3. 不吃兩棲類與獸類中一切有獠牙的及祭品。 4. 只吃伊斯蘭教律法的合法食物。
印度教	Hindu	不吃牛肉、豬肉。
基督教	Christian	禁食血類食物。
天主教	Catholicism	週五多食用魚類料理。
猶太教	Judaism Kosher	1. 不吃豬肉、駱駝、馬、兔。 2. 不吃沒有魚鱗、無鰭、無骨、有殼類的水產魚貝類（如鰻魚、鯰魚、鱔魚、白帶魚）。 3. 不吃奶製品及其衍生物；蛋和魚可食。 4. 復活節期間不吃含有酵母的食品，如麵包，因為「酵」乃腐敗之象徵。 5. 禁食血類食物，因為血是生命象徵。
素食	Vegetarian	根據國際素食協會成員的意願，素食主義包括純素食主義，它的定義是不吃肉類，如家禽、家畜、野味，魚及其副產品，可以吃或不吃，奶製品和蛋類是可以吃的。
摩門教	Mormonism	1. 不吃野生動物的肉（除非饑荒）。 2. 吃飼養之動物的肉。 3. 禁止喝酒、咖啡、茶、可樂等含刺激性及咖啡因的飲料。

二、飲食的差別性

1.佛教的飲食

在佛教飲食禁忌的蔬菜中，除了不吃所有肉類與不吃青蒜、蒜頭、蔥、韭菜、韭黃、洋蔥、紅蔥頭等蔬菜之外，另有蒿與薤這兩種較少爲人所知，特別介紹如下：

蒿，又叫蔞蒿，是一種生於水邊的野草，生有狹長的小葉，像一節節粗筆管。初春時節，剛長出來的嫩芽可摘採當作野蔬食用。《詩經．周南．漢廣》有寫道：「翹翹錯薪，言刈其蔞，之子于歸，言秣其駒。漢之廣矣，不可泳思！江之永矣，不可方思！」其中，蔞，即是蔞蒿。另外，《詩經．小雅．鹿鳴》寫道：

「呦呦鹿鳴，食野之苹。我有嘉賓，鼓瑟吹笙。
吹笙鼓簧，承筐是將。人之好我，示我周行。
呦呦鹿鳴，食野之蒿。我有嘉賓，德音孔昭。
視民不恌，君子是則是傚。我有旨酒，嘉賓式燕以敖。
呦呦鹿鳴，食野之芩。我有嘉賓，鼓瑟鼓琴。
鼓瑟鼓琴，和樂且湛。我有旨酒，以燕樂嘉賓之心。」

這三種鹿兒所食吃的苹、蒿、芩，也是人們可以食用的野菜，又有別的名稱，稱之爲艾蒿、蓬蒿、青蒿。《莊子．逍遙遊》斥鴳篇有云：「翱翔蓬蒿之間。」《禮記．月令》有云：「孟春之月，藜莠蓬蒿並興。」

朱文傑（2009）提到：《本草綱目》稱蔞蒿爲白蒿。「白蒿處處有之，有水、陸二種。《本草》所用，蓋取水生者……生陂澤中，二月發苗，葉似嫩艾而歧細，面青背白。其莖或赤或白，其根白脆。採其根莖，生熟菹曝皆可食，蓋嘉蔬也。」由此可知，很早以前人們就會利用這些野菜了。

此外，江南漢陽一帶，流行一句諺語：「一月藜，二月蒿，三月、四月當柴燒。」表示初春二月時，是最適合採食蒿的季節，過了就太老了，只能當柴來燒。

宋朝大詩人蘇軾在一首有名的詩〈惠崇春江晚景〉寫到：「竹外桃花三兩枝，春江水暖鴨先知。蓬蒿滿地蘆芽短，正是河豚欲上時。」這首詩描述，初春時節，春江水暖只有鴨群先知道，而河邊的滿地蓬蒿與短短的蘆芽，也預告著河豚快要上市了！顯然，這些詩句記錄著先民的生活點滴。然則，現在的人們也用這些野蔬嗎？

根據《中華百科在線》引述，藜蒿爲菊科多年生宿根性草本植物，別名蘆蒿、蔞蒿、水艾、水蒿。藜蒿清香爽口，是一種蔬菜珍品，主要生長在鄱陽湖一帶，在南昌被譽爲「鄱陽湖的草，南昌人的寶」。近年來研究表明，藜蒿具有豐富的營養價值和特有的藥用價值，可達到降血壓、防癌抗癌、健胃等明顯的藥用效果。遠在唐代，孫思邈就記載了藜蒿的藥用價值：藜蒿性平，味甘辛，具有健體補虛、清心解毒、利膽退黃作用，主治肝膽濕熱、脾虛納滯等病症。

薤（音ㄒㄧㄝˋ），又名蕎頭（蕎讀ㄐㄧㄠˋ）或薤頭、小蒜、薤白頭、野蒜、野韭等。薤在內蒙與山西等地稱爲薤薤（俗寫爲「害害」）。在臺灣，閩南話稱爲蕗蕎、蕎頭，阿美族稱之爲火蔥，族語稱爲lokiy。薤爲「植物界五葷」之一，長江流域以南、柬埔寨、越南、日本、美國、寮國等地都有，生長於海拔七百米至二千七百米的地區，目前已有人工引種栽培，亦是越南新年時食用的醃菜。

《黃帝內經．素問》有「五菜爲充」語，王冰注：「謂葵、藿、薤、蔥、韭也。」《靈樞經．五味》又說：「葵甘，韭酸，藿鹹，薤苦，蔥辛。」

2.猶太教飲食

飲食規範對於食用肉品最嚴格的宗教，當以猶太教爲代表。猶太人也是世界上最悲慘的民族，他們早年是埃及人的奴隸，因爲上帝的憐憫，派摩西帶領他們出埃及。其後建立以色列這個國度，興盛一時，但是後來被羅馬帝國滅亡，從此猶太人就成了無根的浮萍，四處漂泊，受到世人的排擠。然而，一個強烈的民族信念，讓猶太人依然保有他們的語言與文字、宗教與信仰、生活習俗與禮教法典。最不可思議的是在1948年，他們重新建立起他們的國度，奪回聖城「耶路撒冷」，占據加薩走廊，不惜與伊斯蘭教世界為敵，在戰爭頻仍的中東地區，全民皆兵，終能維持以色列這個國家的繁榮興盛。一個亡國兩千多年的民族，仍然保留有自己的文字語言——希伯來文、經典與宗教信仰，在全世界歷史中絕無僅有！

猶太教是猶太民族的宗教信仰，它以「摩西五經」為依歸，即是基督教的舊約聖經。基本教義為相信耶和華是創造天地唯一的眞神，這與世界上其他泛神、多神的宗教不同，並且嚴守十誡和律法。他們相信猶太人是上帝的選民，反對偶像崇拜，在猶太人的聖殿中沒有上帝的形像，期盼彌賽亞的降臨，來拯救猶太民族，但是否認耶穌是彌賽亞。耶穌創立了基督教，影響了整個世界，然而，猶太人並沒有接受祂。

以色列民族根據舊約聖經中的《利未記（Leviticus）》第十一章及《申命記Deuteronomy》第十四章來定義符合猶太教義的食材，並含有乾淨完整之意。除了規定可食動物的種類外，其屠宰及烹調方式亦受影響。如：

(1)凡走獸中偶蹄，有趾及反芻的，你們都可以吃。
(2)凡是水中有鰭有鱗的，不論是海裡的，或河裡的，都可以吃。
(3)在有翅用四足爬行的昆蟲中，凡有腳以外，還有大腿，在地上能跳的，你們可以吃。你們可吃的是：飛蝗之類、蚱蜢之類、蟋蟀之類和螽斯之類。其他凡有翅用四足爬行的昆蟲，都是你們所當憎惡的。

其他如：哺乳動物的肉不可與同出一轍的奶同食、同置及／或同烹。

除特殊情況外，肉類和奶品的相隔進食時間亦須六小時以上。

另外，屠夫須以一刀割斷喉管，以減少動物死亡前的痛苦。而屠夫亦須虔誠，守安息日，不單只從技術上，而是從信仰的基礎上知道不能讓動物受苦。

皮、毛、筋絡、腺體都須清除乾淨，並且放血。有此一說，猶太教舊稱「挑筋教」。所以，現在猶太社區的屠夫常是經師（拉比），而專門的肉食工廠會有駐場經師。由於與伊斯蘭教的清眞食物相似，穆斯林在沒有清眞食物的情況下，會食用猶太教規範的食物。

目前猶太食物有認證做法，只要符合教規認可，在產品包裝上會印有例如KOF-K Kosher或Kosher Certification。北美一帶大型超市大都設有Kosher猶太食品專區，銷售情況良好。因應不同族群與宗教信仰的需求，不管是提供猶太食物餐點的餐廳，或是伊斯蘭教、佛教等餐飲服務，在國際上相當普遍。

筆者曾經在加拿大洛磯山脈的一個小酒莊餐廳參觀，剛好那天有一場戶外婚禮，是猶太教的婚禮，因爲那家餐廳本身就是提供「Kosher Food」的猶太餐廳。場景宛如電影中傳統猶太婚禮一般，戶外搭起一個小小的彩棚，冬天的雪地上排列了數十張椅子，新人在牧師的證婚與眾親友的祝福中，完成彼此向上帝的承諾，神聖而莊嚴，令人印象深刻！茲附上餐廳的菜單以供參考（2011）。

圖4-1　戶外的猶太婚禮

Mem's

A Little Unorthodox Jewish Deli

Kosher Meats & Foods

Selection of Dry Goods

Homemade Dips

Fresh & Frozen Soups

Selection of Judaica Novelty Items & Jewelry

Dead Sea Products

Israeli Imported Products

Mem's

A Little Unorthodox Jewish Deli

Open
Monday - Friday

Closed on the Shabbat

Open Special Sundays

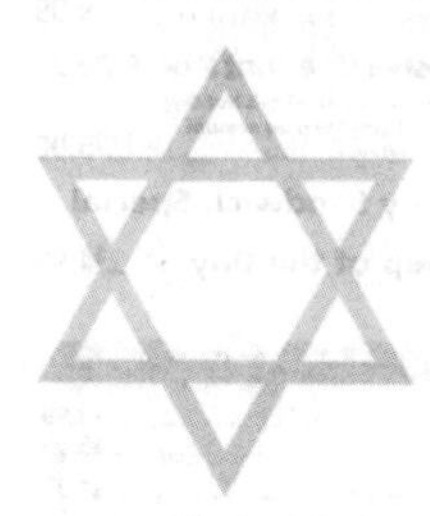

103-3010 Pandosy St.
In the Mission
Across from Lakeview Market
K·E·L·O·W·N·A
778-478-0422

Mem's

A Little Unorthodox Jewish Deli

· Kosher Foods ·
· Holyland Treasures ·
& Deli

103-3010 Pandosy St.
K·E·L·O·W·N·A
778-478-0422

Mem's

A Little Unorthodox Jewish Deli

1. Big Mem's... *(1/4 lb. of meat!)*
Triple Stacked on Caraway Rye Bread
Montreal Smoked Meat, Chicken, Beef & Turkey Salami
Mem's Secret Sauce, Mayo, Deli Mustard, Lettuce, Tomato, Onion... Israeli Hot Peppers (if you dare!) $10.99

2. Eve's Apple...
(Garden of Eden Veggie)
Cream cheese, Avocado, Cucumber, Onion, Tomato, Lettuce, Apple, Mayo $7.99

3. Moshe's MLT...
(Mem's twist on the BLT)
Montreal Smoked Meat
Lettuce, Tomato, Kosher Mayo $7.99

4. The Traditional...
(Montreal Style hot sandwich)
Yes Real! Caraway Rye Bread
Steamed Montreal Smoked Meat / Corned Beef topped with Onions & Sauerkraut
Kosher Mayo, Garlic Sauce, Special Deli Mustard $7.99

5. Solomon's Salami Sandwich...
On Caraway Rye Bread
Turkey, Beef & Chicken Salami
White Onion, Tomato, Lettuce, Mem's Secret Sauce, Kosher Mayo, Deli Mustard $8.99

6. Cain's... *(BBQ Beef Brisket)*
Kowinskys Seasoned, Slow Roasted Brisket... Piled way too high.
Mem's Secret Sauce, Horseradish, topped with Sliced White Onion $9.99

7. Kosher Beef Hot Dog & Pop...
Sautéed Onions, Mem's Hot Dog Relish & just the right amount of Sauerkraut $5.00

8. Daily Sandwich Special....

9. Soup of the Day $4.99

Salads: Tabooli & Coleslaw

Med	$3.99
Large	$5.99
Knish (Potato & Onion)	$1.75
Babka Slice (Dark Belgian Chocolate Roll)	$2.50
Coffee (Israeli Turkish)	$1.75
Pop	$1.50
Juice	$1.25
Water	$1.50
Nesher (Israeli Malt Flavored Pop)	$2.50
#1 Favorite Israeli Snack (Chips) Bissli & Bamba	$1.35

Try a Pickle-on-a-Stick
$1.50

Prices & menu subject to change.

Kosher foods

We carry a large selection of frozen Kosher meats
(No hormones, no antibiotics, strict vegetarian diet)

- Turkey
- Chicken
- Bison
- Beef Burgers
- Beef Hot Dogs
- Chicken Dogs
- Sausages
- Brisket
- Whole Chicken
- Ground Beef, Chicken, Turkey
- Fresh cut deli meats by the 100g.

圖4-2　餐廳菜單MEM's Menu

3.伊斯蘭教飲食

回教又稱伊斯蘭教（Islam），中文也習慣稱呼伊斯蘭教徒爲「穆斯林（Muslim）」，伊斯蘭教與佛教、基督教／天主教通稱爲世界三大宗教。伊斯蘭教的飲食規範與猶太教有些接近，但是稍微寬鬆。不吃豬肉也不能喝酒，可以享用「食草反芻類」的牲畜，但必須依伊斯蘭教習俗屠宰。在屠宰時須唸誦可蘭經的經文，並將牲畜徹底放血，才能料理。且屠宰的刀上，也須刻有經文以潔淨食物。

穆斯林食品有其標準與規範，各地穆斯林組織的專責檢查機構發給「Halal Foods」證書，才可以在產品上貼上Halal標籤。

可蘭經是伊斯蘭教的聖經，其中對飲食有許多規範，茲列舉其中較重要的經文以做說明：

「禁止吃自死物、血液、豬肉，以及非誦阿拉之名而宰殺的、勒死的、捶死的、跌死的、野獸吃剩的動物；但宰後才死的，仍然可食。不可吃在神石上宰殺的，禁止你們求籤，那是罪惡。……凡爲饑荒所迫而吃禁物，並無罪過，因爲阿拉確是仁慈的。」（第五章第三節）

「海裡的動物和食物對於你們是適合的，可供享用。」（第五章第九十六節）

穆罕默德使者（眞主恩賜他平安）說：

「阿拉痛恨酒：飲酒者、陪酒者、買酒者、賣酒者、製酒者、運酒者、酒具以及與酒有關的。」

「凡是醉人的都是犯禁的。」

「禁食禽類中一切有利爪的、有獠牙的。祭品、兩棲、冷血、獠牙猛禽、雜食均不可食。」

「祂（主）用它爲你們生產穀類、橄欖、棗樹、葡萄和各種果子，在這當中，對於那些沉思默想的人們確是有一種跡象。」（第十六章第十一節）

從上述的章節經文中可以看出，穆斯林在飲食上其實有頗多限制，與猶太人從舊約聖經所接受的制約有雷同之處，由此可了解到無論基督教、猶太教、伊斯蘭教都是系出同源，闡述出飲食上的宗教規範。

B-story-4

巧克力女孩

KK大飯店的點心房有一個巧克力房，專門製作手工巧克力，使用法國頂級法芙娜巧克力為原料，製作出最佳品質的各式手工巧克力。巧克力這種產品需要注意到溫度及濕度，臺灣氣候潮濕，四季頗明顯，若要讓這些嬌客受到良好的照顧，必須有一個專屬的空間，溫度、濕度都必須得到控制。點心房成立巧克力房是在四年前，由KK飯店亞洲區點心主廚Bill前來教導後才設置的。在一週的時間內，點心房派Tony、小曹與女學徒雪莉三人跟隨學習手工巧克力的製作。

其後，設置了巧克力房，剛開始由Tony負責製作巧克力，但是Tony太忙，他另外還有蛋糕研發製作的事，於是安排雪莉接手。餐飲部設計了幾款巧克力禮盒，購置了足夠的模具，開始巧克力製作的新頁。由於市場對於巧克力產品的接受度提升，再加上百貨公司陸續進駐了幾家知名進口巧克力品牌，KK大飯店的巧克力禮盒開始有了市場。不久之後，某家國內航空公司找KK大飯店合作，他們請

KK設計二款巧克力禮盒：一款兩粒裝，送給一般經濟艙乘客；另一款六粒裝，送給商務艙乘客。如此一來，巧克力房的產量大增。

不同顏色與造型的巧克力，有不同的產品名稱，如：Raspberry Truffle、Eggnog Truffle、Pistachio Praline、Gold Brother、Rocher Milk, White, Dark、Café Truffle、Bitter Nougat、Chestnut Gianduia等。

飯店用雪莉做了形象海報，甜美的笑容加上巧克力的魅力，有一種融化人心的魔力。後來，飯店接受某美食節目的邀約，派雪莉去現場示範手工巧克力的製作，打出飯店的招牌，算是置入性行銷。其後，又有美食雜誌前來採訪報導，雪莉成了巧克力女孩，一時之間頗受到矚目。

然而，除了製作上試吃之外，雪莉是不吃巧克力的。

「為何？」Betty剛到KK飯店工作時，有一次在咖啡廳遇到雪莉，曾經問她這個問題。

雪莉如是說：「製作巧克力的原料是；可可脂、細砂糖、奶油、鮮奶油、麥芽、蛋黃、堅果仁、香甜酒與烈酒等，每一個巧克力熱量相當高；如果沒有運動，是無法消掉的。」

「哇！這簡直是魔鬼的食物！」

三年後，雪莉因為結婚而離職了。

學習評量

1. 請就你的觀點為宗教信仰下一個定義。
2. 請說明猶太教的飲食規範（Kosher Food）。
3. 請說明伊斯蘭教的飲食規範。
4. 請以中式料理宴請你的猶太教朋友，試開一張適合他們的菜單。
5. 請以西式料理宴請你的伊斯蘭教友人，試開一張適合他們的菜單。

第五章

菜單與行銷

一、行銷的意義

所謂「行銷」，最簡單的定義，就是：用適當的方法，有效地將產品銷售出去。

現代行銷學大師Philip Kotler（2000）提到：「市場行銷是個人和集體，通過創造產品和價值，並和別人進行交換，以獲得其所需之物的一種社會和管理過程。」

而Gronroos（1984）的定義則是強調了行銷的目的：「行銷是在一種利益之上，通過相互交換和承諾，建立、維持、鞏固與消費者及其他參與者的關係，實現各方的目的。」

另外，American Marketing Association於1950年將行銷定義爲：「將生產者的物品與服務，帶給消費者或使用者的商業活動。」又於2004年將行銷重新定義爲：「行銷是創造、溝通與傳送價值給客戶，及經營顧客關係以便讓組織與其利益關係人受益的一種組織功能與程序。」

市場行銷是一個巨大的理論架構，牽涉到巨大的行銷經費，尤其是跨國公司企業，一年的行銷預算可高達百億，最主要的目的，誠如管理學大師彼得．杜拉克（Peter Ferdinand Drucker）所說：「企業存在的目的就在創造顧客。」簡單而言，任何企業一旦失去顧客，很快就會從市場中消失。所以，我們可以說，顧客是使企業能永續經營最重要的關鍵。

以菜單而言，它既是一個商品目錄、型錄，也是一個行銷工具，它乘載著企業的核心價值，將最具競爭力的商品，以最具說服力的方式，傳達給消費者（顧客）。當顧客在閱讀菜單時，就已經在接受企業所要傳遞的訊息。一份設計優異的菜單，可以讓顧客在短時間內迅速決定要點什麼餐點，而且會接受當初設計所預定好的方案，以較高的平均消費額來消費。例如：人氣商品標籤設計、最佳組合餐設計、主廚推薦特餐、季節限定等。

二、市場定位STP

市場行銷策略（Marketing Strategy）在行銷學上稱之為STP流程（STP Process），其中Segmentation為「市場區隔」，Market Targeting為「目標市場」，Positioning為「市場定位」（方世榮，1996）。最早的市場行銷策略，是由現代行銷學之父Philip Kotler所提出。其中，「市場區隔」是指市場的差異化——如何在相同的市場中，做與別人不同的差異性，它也可以說是一種階層的區別；「目標市場」是指潛在顧客群，如少女、青少年、白領階級、粉領族、教師等；「市場定位」則是指消費者對於一種市場上的認知，如品牌、價位。茲舉例說明如下：

市場區隔：舉例來說，王品集團以牛排為產品的餐廳，就有「王品臺塑牛排」、「陶板屋」和「Hot 7新鐵板料理」三家，在產品、價格和服務方面都做了市場區隔：「王品臺塑年排」，以只款待心中最重要的人為訴求，套餐一客1,350元，提供優雅細緻的服務；「陶板屋新和風料理」，以精緻的日式雅食文化為訴求，625元的價位適合中年客層；「Hot 7新鐵板料理」，以活潑實在的服務為訴求，價位在320元。又如國際知名速食連鎖集團麥當勞，它在伊斯蘭教國家推出麥香魚堡，在印度提供蔬菜素食堡McVeggie而不提供牛肉或豬肉的漢堡，這種因地制宜，為客人的需求而設想，研發出專屬的產品，也是一種市場區隔。此外，臺北有一家名為「運鈍根湯」的餐廳，是一家專門提供「食療」的餐廳，也做了相當清楚的市場區隔。

目標市場：是指行銷的對象或範圍，它是一個或數個不同的市場，可以地區做劃分，也可以族群做切割。例如，下午茶餐廳，可能是以都會區上班族或粉領族為目標客群，三二行館的目標市場則可能是大臺北區頂級饕客群，也可以說是「潛在客戶」。

市場定位：是指某種產品在市場的位置高低，例如，侯布松（Joël Robuchon）的Atelier de Joël Robuchon是米其林三星的餐廳，它的市場定位是頂級美食的代表，必然是高的。歡樂牛排走的是平價大眾風格，其定位是庶民的經濟飲食。

菜單的價格制定，必須有成本作為依據，而成本的計算，則須有每一道料理餐點或飲料的標準配方表。因此，標準配方表的制定有其必要。主廚做好的配方表不只是成本的計算而已，它還是品質穩定的座標，服務的領航員。依據標準成本決定售價，可以算出標準成本率。成本率是經營的指標，也反映出餐飲的價值感，即所謂CP值。消費者在餐廳內用餐，最重要是享用餐點，餐點的良窳直接影響到顧客的再度消費意願，其成本率則是相當重要的參考因素。

因此，餐飲價格的制定，是一種競爭策略的考量。

高級餐廳

平價餐廳

圖5-1　高級餐廳vs平價餐廳

三、行銷的規劃

價格是菜單行銷中最重要的策略，因此，在定價策略上必須有完整的市場評估，才能制定出知己知彼的行銷策略。產品價格是一種市場定位，它呈現出餐廳本身的質感，最終以總消費額／平均消費額顯示出餐廳的價格調性。

餐價有如一家餐廳的門檻，是消費者需要跨越的踏腳石，它也像餐飲品質的反射鏡。一家優質的餐廳經得起消費者的檢驗，當消費者光臨實際用餐之後，自然檢視了這家餐廳的品質。決定一家餐廳能否繼續經營下去的關鍵是消費者，而消費者的認同與否，有如命運的投票一般；因此，餐廳的經營者所要思考的要素，是如何獲得消費者的認同。

制定菜單的價格需要考慮下列幾個因素：

1. 潛在顧客對於價格的接受度。
2. 菜單價格在餐飲市場的競爭力。
3. 菜單價格能否反映餐廳本身的質感？
4. 價格與餐點品質是否成正比？
5. 價格與餐飲服務是否一致？
6. 價格與餐飲品牌形象是否連結？

四、菜名與行銷

菜名是餐點菜餚的符號與描述，當我們看到一個菜名，馬上就會有它的影像出現，並且馬上了解這是使用什麼食材或料理手法，所完成的一道料理。傳統菜餚的命名約定俗成，有其脈絡可循，但是創意料理甚至是分子料理，則已脫離既有的窠臼，會以你想像不到的名稱出現。菜名的訂定與行銷之間有何關係呢？有許多學者建議應有下列的考量：

1. 正確性：菜單文字的使用必須正確，切忌錯別字。此外，若是菜單使用兩種以上文字，中英對照、中法或是中日對照……，拼字須正確無誤。
2. 眞實性：菜名與實際餐點必須正確，不可模糊帶過，例如：清蒸活石斑，就必須是活石斑現殺處理，不能使用新鮮貨冷凍的石斑。另外，如食材的產地必須眞實，澳洲進口牛肉與美國進口牛肉，不能張冠李戴。

3. 易讀性：菜名不要詰屈聱牙，也不要使用生字，讓客人一頭霧水，不知如何唸起，最好簡單易懂易讀，例如：紅燒牛腩、糖醋子排。

1. 中餐菜名

中華料理源遠流長，博大精深，各大地方菜系有其特色，口味上因地緣畛域的關係，呈現出東酸、西辣、南淡、北鹹的差異性。臺灣本身由於是移民社會，因緣際會，幾番融合轉換，也因爲海洋的特性，臺菜也已自成一格。

菜餚的命名方式以其脈絡肌理，細細探究，有下列幾種方式：

(1) 以食材命名：如豆豉鮮蚵、腰果蝦仁。

(2) 以地名命名：如西湖醋魚、南京烤鴨、萬巒豬腳。

(3) 以人名命名：如東坡肉、左公雞。

(4) 以料理手法命名：如紅燒蹄膀、煙燻鱒魚。

(5) 以顏色命名：如翡翠豆腐、三色蛋。

(6) 以典故命名：如宋嫂魚羹、叫化雞、麻婆豆腐。

(7) 以調味料命名：如醋溜魚柳、椒鹽花枝、胡椒蝦。

(8) 以盛放餐具命名：如荷葉排骨、砂鍋魚頭、竹節鴿盅。

(9) 以吉祥話命名：如花好月圓、龍鳳呈祥、五福拼盤。

(10) 以口味命名：如酸辣蝦湯、椒麻雞、鹹水鴨。

(11) 以食材諧音命名：如早生貴子（紅棗桂圓蓮子湯）、步步高陞（紅豆年糕）。

(12) 以形狀命名：如枇杷蝦、荷花索燴。

2.西餐料理命名

西餐是晚近一百多年才傳進中國，最早是在租界區出現的西餐廳，提供牛排餐，那時只是粗略地看到西式餐飲的雛形而已，其後才慢慢有系統地引進西方世界各國的餐點料理。精緻西餐當以歐洲之法國與義大利料理為代表，高級牛排餐美國當仁不讓，西式速食必然以美國麥當勞和肯德基居首。

西式餐點的命名方式，有別於中式餐點的命名，除了上述中餐的命名方式外，尚有幾點可以介紹：

(1)以食材部位命名：如牛尾湯、炭烤雞翅。

(2)以供餐的溫度命名：如什錦冷盤、西班牙冷湯。

(3)以食材特徵命名：如什錦炒飯、海陸雙拼。

(4)以餐點外形命名：如手指三明治、高麗菜捲。

(5)以國家命名：如德國豬腳、義大利麵、葡國雞。

五、菜單中的行銷

菜單本身就是一種行銷工具，它乘載著產品的訊息，並試圖傳遞給消費者，引發購買的動機。這些行銷的做法如何在菜單中呈現呢？試以下列幾種做法說明之。

1.主廚推薦商品：可以使用專頁設計，做出主廚推薦特餐，可以單點料理呈現，亦可以組合套餐方式推出，方便顧客點餐。

2.店長推薦商品：做法類似主廚推薦，但以單點為主，可以設計專頁。然多以單點推薦為主，對推薦的每一道餐點，做簡單說明。

3.人氣商品標籤：在菜單製作上以不同顏色標籤，區隔及引導消費者做出不同的選擇，例如：「人氣排行榜no.1」、「最佳超值」、「網路推薦」。

4.名人推薦商品：可以用海報方式做促銷，而不在菜單內呈現。

5. 季節限定商品：以特別季節所推出的特色料理或飲料，可以增頁方式處裡，或是使用海報促銷。
6. 商業午餐：這是傳統的行銷方式，可以另行設計簡易版菜單，專門供應午餐需求。因爲午餐時間較短，來客數多，餐點若能以較爲簡單快速而不失美味的方式供應，必能增加營收。

陌生的消費者進到餐廳裡，當服務人員遞送菜單後尚未介紹之前，消費者的對話窗口就是菜單，設計良好的菜單，能夠清楚有力地告訴消費者做正確的選擇，如此也可節省點餐的時間，讓服務人員有更充裕的時間服務客人。因此，一份簡明、易懂具有行銷力的菜單，絕對是餐廳重要的行銷工具。

B-story-5

Pillow Bread

最近A飯店推出「北海道巨蛋麵包」造成轟動，每日出爐一次，總是大排長龍，供不應求。KK飯店的餐飲部協理Joe也決定如法炮製，推出一款特製的麵包，作為招牌搶市，希望能帶動Bus stop的買氣。於是，這個專案就由點心房副主廚Tony與Betty共同負責推動，他們一接獲這個任務，馬上密集開會討論：到底要做什麼樣的麵包好呢？

KK大飯店是國際知名連鎖品牌，所推出的麵包不能太沒風格，這是Joe要求的。經過幾次腦力激盪，Tony做了數款麵包，最後決定以其中兩款麵包來舉辦試吃票選。第一款是以農夫麵包為基本麵團，以老麵的做法，內餡包入豐富的桂圓乾與蔓越莓乾，一中一西的水果乾，取名為桂圓紅莓麵包；另一種以天然酵母長時間發酵的全穀麵包，包入羅勒、橄欖、枸杞等內餡，外形做成像枕頭，取名為「枕頭麵包」。試吃時邀請總經理與部門主管及餐飲部門主管一起參與，票選結果由枕頭麵包勝出，因此，決定在下個月初正式推出。

產品決定之後，再來就是定價的問題了！

因此，餐飲部要求Tony寫好正確的標準配方表，送給成本控制部門做成本分析，成控主任Alex仔細計算後，每個六百公克的枕頭麵包的食材成本為52元。此外，枕頭麵包專用的包裝內袋與提袋，也請美工部門特別設計，一款極簡後現代風格，有著KK大飯店獨特logo的提袋，出現在大家眼前，受到熱烈歡迎。包裝提袋成本為每個12元。由於這款麵包需要比一般麵包更長的發酵時間，而且天然酵母的培養也頗費神，仔細加計行銷費用和新增的設備，以及飯店形象等因素，決定每個枕頭麵包售價為300元。

在正式發售之前一週，飯店特別舉行了一場試吃活動及記者招待會。等到正式推出之日，果然造成排隊人潮，每日限量供應的三百個麵包，很快銷售一空；即使後來增加到四百五十個，仍然供不應求。這也連帶使得店內其他麵包產品銷量提升許多。

這是一次成功的新產品開發案例，雖然不具原創性，但仍讓這個枕頭麵包的銷售熱潮足足延燒了半年之久。這波枕頭麵包活動，總計為KK大飯店創造了二百多萬的營收，Betty心裡感到與有榮焉，畢竟她有投入心力與大家一起努力！

學習評量

1. 請說明行銷的意義。
2. 為何菜單是一個行銷工具？
3. 請說明何為市場行銷策略STP。
4. 請為STP舉出例子說明之。

5.請說明標準成本率的意義。

6.請說明制定菜單的價格需要考慮的因素。

7.菜單中的行銷有哪些做法？

8.請說明中式菜餚的命名方式有哪幾種。

9.菜單的編排有哪些方式？

10.請說明飲料單與酒單的重要功能。

第六章

菜單格式的演進

一、古代的菜單

1.竹簡

在紙張發明之前，古代人用以書寫的載具，可能是石片、獸皮、布匹、木片，以及竹簡等。文字的使用亦有其演進性，中國文字最早從甲骨文開始，慢慢進入到象形文字、古文、篆、隸、楷等字體。等到紙張出現之後，因其輕薄便利，並且適合書寫的特性，迅速取代以前所使用的品項，而成爲主流。

在古時候竹簡時代，文字的記錄流傳厚重且搬運不便，餐飲的服務有可能最早只是用口頭傳遞，客人問說有什麼菜色料理，店家便口頭回答。況且，古代能提供的餐食也不多，能夠飽餐一頓也就夠了。那時若有食（菜）單的提供，也可能只是在牆壁上掛上幾個竹簡，書寫著所能供應的餐食罷了。

2.宮廷的菜單

錦衣玉食通常只有在帝王家或是王公貴族，不然就是大商賈鉅富人家才有能力享用，平凡人家或許有飲食的眞滋味，但必然無法追求極致美食，故而在廚藝上，缺乏精進的契機。反之，宮廷中設有御膳房，專司帝王家的飲食供應，能在御膳房供職的人，必定具備相當精湛的廚藝，又爲了能提供每日變化不同的膳食，御廚們必須在餐點料理上，挖空心思求新求變，以求得君王的喜愛。

歷朝在御膳這塊多所著墨，又因這牽扯到帝王安全問題，故而都有一套完整的供膳制度。王澈、謝小華（2008）提到，成書於戰國時代的《周禮．天官．冢宰》，記錄了當時王室飲食的情形：有專管膳饈的「膳夫」、專管烹煮的「烹人」、釀酒的「酒正」、製作肉醬的「醢人」、專管屠宰的「庖丁」、製作醬料的「醯人」。

如在唐代，光祿寺乃是掌管酒醴、饈膳之事的機構，設有太官署、珍饈署、良醞署、掌醢署等。到了明代光祿寺負責御膳食材的採買，如祭饗、宴勞、酒醴、膳饈之事，所謂：「辨其名數，會其出入，量其豐約，以聽於禮部。」因此，負責皇帝餐飲的是光祿寺、尚膳監和尚食局等三個機構：光祿寺負責食材的採買，尚膳監負責烹調製作，尚食局則專門伺候皇帝用膳（邱仲麟，2004）。

另外，以清朝爲例，御膳房中設有葷、素、掛爐、點心及飯局等五局，此外，專供皇帝的養心殿御膳房，另有編制。皇帝用餐可分爲傳膳、進膳、用膳等三段進行。每次傳膳前，先呈膳（菜）單，注明用膳的時間、地點及餐點的名目；甚至用什麼桌子，什麼菜餚使用什麼食具盛放等，都有註明。有時還由皇帝親自指定，由哪個御廚烹製指定的餐點。

圖6-1　御膳房

二、現代的菜單格式

1. 菜單的種類

菜單的種類繁多，不同的時間或空間，其所供應的目的對象等，都有不同需求的菜單，大致可以分類如下：

⑴因供餐時間而區分：

①早餐菜單Breakfast Menu

②午餐菜單Lunch Menu

③下午茶菜單Afternoon Tea Menu

④晚餐菜單Dinner Menu

⑤消夜菜單Snack Menu

⑵因供餐的方式而區分：

①自助餐菜單Buffet Menu

②速食菜單Fast Food Menu

③簡餐菜單Cafeteria Menu

④單點菜單A La Carte Menu

⑤套餐菜單Set Menu

⑥外帶式菜單Takeaway Menu

⑶因材質而區分：

①紙本式菜單Paper Menu

②招牌式菜單Sigh Menu

③立架式菜單Stand Menu

④木頭牌子式菜單Wooden Menu

⑤懸掛式菜單Hanging Menu

⑥桌上卡片菜單Table Stand Menu

⑦點菜式菜單Sheet Menu

⑧帆布式菜單Board Menu

⑨塑膠式菜單Plastic Menu

⑩人體菜單Body Menu

⑪電子螢幕菜單Screen Menu

(4)因供餐的對象而區分：

①老人菜單Elder's Menu

②兒童菜單Children's Menu

③團膳菜單Cafeteria Menu

④家庭式菜單Family Menu

⑤情人菜單Lover's Menu

⑥淑女菜單Ladies Menu

⑦紳士菜單Gentleman's Menu

⑧宗教菜單Religion's Menu

(5)因供餐場所而區分：

①餐廳菜單Restaurant Menu

②外帶菜單Take out Menu

③宴會菜單Banquet Menu

④航空菜單Airline Menu

⑤客房服務菜單Room Service Menu

⑥軍中伙食菜單Military Menu

⑦公司員工餐菜單Staff Meal Menu

⑧攤販菜單Booth Menu

(6)因供餐的種類而區分：

①食品類菜單Food Menu

②飲料類菜單Beverage Menu

③酒單Alcoholic Menu

④葡萄酒單Wine Menu

⑤烈酒酒單Spirits Menu

⑥雞尾酒酒單Cocktail Menu

(7)因促銷方式而區分：

①節慶菜單Festival Menu

② 季節限定菜單Seasonal Menu

③ 商業午餐Business Lunch Menu

④ 優惠組合餐Commercial Set Menu

⑤ 搭配促銷菜單Promotion Menu

(8)因功能而區分：

①高纖低脂餐菜單High Fiber Low Fat Meal

②高血壓菜單Hypertension Meal

③糖尿病菜單Diabetes Meal

④素食菜單Vegetarian Menu

⑤宴會菜單Banquet Menu

⑥茶會菜單Tea Party Menu

⑦酒會菜單Cocktail Party Menu

(9)因宗教信仰而區分：

①伊斯蘭教菜單Muslim Menu

②猶太教菜單Kosher Food Menu

③素食菜單Vegetarian Menu

(10)因餐飲週期而區分：

①季節菜單A Season Menu

②固定菜單Fixed Menu

③循環菜單Cycle Menu

2.菜單的設計方式

(1)菜單內容

菜單設計的第一步須從內容著手，這表示餐廳想表達怎樣的訊息給顧客，菜單的內包括餐廳的資訊、營業的時間、餐飲內容與價格、優惠措施等。以企業經營管理的眼光來看，菜單就像一份營運計畫書，影響整個餐廳相關部門單位的運作，所以其內容設計要清楚明白，才能提升廚房生產與服務流程。茲說明如下：

①招牌料理介紹：

餐廳最好有招牌菜，這是形象與宣傳的利器，建立一個招牌菜，可爲餐廳帶來許多好處。

②菜名：

菜餚名稱與飲料名稱，最好雅俗共賞，即使另樹風格，也不要讓顧客莫名所以。菜名要簡潔有力，這方便客人與服務人員點菜及上菜服務，甚至與廚房的溝通。

③價格：

餐點的價格牽涉到餐廳的市場定位，它關係到成本與利潤，以及整體餐飲服務的水準，因此，必須有通盤的考量。這在第五章行銷與第七章成本控制中有詳細的說明，請讀者自行參閱。

④菜色介紹：

菜色名稱如果是傳統常見的菜名，就不需要再做特別的說明，除非主廚做了新的詮釋，可以亮點突顯。但是，像招牌菜或是某些餐廳新開發的特色料理，則有必要予以簡介，如此一來，客人會了解而有興趣，願意嘗試看看。

⑤企業訊息介紹：

餐廳有餐廳的規範，菜單就像一本說明書，餐廳的相關要求必須明確放在上面，客人才知道也才不會有異議，這代表本餐廳已經詳細告知消費者。最主要有如下幾點：

A. 餐廳名稱、logo／簡介

B. 地址／聯絡電話

C. 是否加收10%服務費

D. 營業時間

E. 所供應素食是否適合全素者使用

F. VIP會員卡的優惠

G. 最低消費額

有些餐廳還加上了：「請索取統一發票」。

3.菜單的編排

菜單編排通常會依照餐點的分類，切割成幾個區塊排列，例如：開胃菜、冷盤、主菜（熱菜）、湯品、甜點、飲料等。其排列的順序一般會依照菜色的重要程度，而在菜單中最吸引客人眼光的地方依序排列。然而，哪裡是吸引眼光的地方呢？由於菜單的樣式多元，有單頁式菜單、對摺式菜單、三摺或多摺式菜單或是整本式菜單，茲分述如下：

(1)單頁式菜單：上半部是重點區塊。

(2)對摺式菜單：右上角是重點區塊。

(3)三摺式菜單：中間部分是重點區塊。

(4)多摺式菜單：應爲第二及三頁重點區塊。

(5)整本式菜單：應爲每一頁的開始前二列爲重點區塊。

4.菜單編排的注意事項

每一家餐廳的經營形態不同，國際大飯店可能會有數家甚至十幾家的餐廳及酒吧，這麼多的餐飲據點所需要的菜單必然各異。中餐廳與咖啡廳或日式料理，所使用的菜單及其設計也有極大差異。舉例來說，咖啡廳可能提供早、午、晚三餐及下午茶的Buffet自助餐，它無須菜單給客人點選，但是消夜可能需要單點的菜單提供。

法式料理餐廳一天提供二餐，菜單的設計相對複雜，除了一本完整的菜單之外，可能還有商業午餐的特別設計菜單，晚上則有主廚推薦套餐的設計，每晚不同。此外，酒單是另外設計的，高級餐廳的葡萄酒單厚厚一本，有專業的侍酒師負責葡萄酒的挑選與管理，少則近百款，多則達到數百款的各國名酒，羅列在葡萄酒單中，這是爲了能提供給客人最佳的選擇與用餐經驗所設計的，星級餐廳的餐飲消費金額，有時酒類的消費額甚至超過餐的消費額。

中餐廳與日式料理或其他餐廳，酒單的需求可能就有所不同，除了品項上的差異外，餐點與葡萄酒的搭配並不那麼一致，因此需求就少了許多。這時在菜單的設計上，可以增加飲料的區塊，將一些比較受客人歡迎的酒類放進去，客人在點餐的同時就可以直接點選酒類的商品。

另外，若是比較傾向親子及家庭式聚餐的餐廳，可以考慮增加「兒童菜單」或「老人菜單」、「養生菜單」等的功能式菜單，方便客人安排與點餐，這樣貼心的設計，必能讓客人感受到一種餐飲的專業。

5.菜單的設計風格

菜單設計一般會考量幾件事：封面、封底、首頁、字形、顏色、照片（圖片）、尺寸、材質、背景風格等。飯店有美工部門可以協助設計事宜，外面一般餐廳則可以請專業的廣告設計公司幫忙，有專業人員來做專業的事情，可以得到最佳效果。餐廳菜單負責人員只要準備好分類清楚的正式菜單清單、價格即可，若是要有餐點的照片，可以請專業攝影師來拍攝，請廚房及吧檯製作好菜單的所有品項，一天即可拍攝完成。

菜單的風格須能反映餐廳的調性，例如泰式料理就要有泰國的感覺，日式料理就要有日式風味，義大利餐廳就要有義式風格，這些可利用圖畫或照片以背景方式呈現。然則，餐廳的格調本身也需要考量，例如一家走後現代極簡風格的義式料理餐廳，其菜單的設計可能也要呈現後現代的簡約風。因此，在字體的選擇、色調的搭配、紙張的選擇與文案的編排上，務求其一致性。

圖6-2　各式各款的菜單設計

三、菜單格式的趨勢

隨著科技的進展，傳統的菜單已有了新的風貌。電子書菜單的運用，開啓了新頁，自助式的電子菜單就如同自動販賣機一般，客人自由選擇所需餐點，自行付款結帳，就等餐點送來。或是服務人員提供平板電子書，由客人自行瀏覽，點餐時，服務生也是用手持式裝置幫客人點餐，點單已經進入餐廳POS系統，廚房吧檯也很快地印出每一桌的餐點，立即可以進入備餐生產。

未來有許多想像，也有無限可能。現在電影中的虛幻場景，說不定哪天就進入我們的生活中了。這時我可以看見在某個餐廳的一隅，客人所坐的餐桌上方出現了一個3D立體螢幕，客人在螢幕上隨意滑動手指，一頁頁的菜單內容不斷出現，每道餐點還能做細部說明與展示，客人隨手在某道餐點點了兩下，就表示已經確認選單了，在某個點點兩下，代表完成點菜。若是要再追加餐點，只要在餐桌某個點按兩下，虛擬3D立體螢幕菜單，就又出現在客人面前了。

圖6-3　未來菜單想像圖

B-story-6

美工部的大衛

大衛是KK大飯店美工部的主管，美工部其實只有二人，除了大衛還有Jean。大衛是美工科系畢業，曾在廣告公司待過，畫得一手好素描。飯店美工部負責的工作有各式海報的製作、會場布置、印刷品、廣告文宣的美編以及菜單的設計編排完稿等所有有關Logo的運用。

Betty為了Bus stop的菜單、點單印刷品、菜卡與海報傳單，必須時常找大衛討論內容與進度。尤其是菜卡，因為不斷有新產品出現，必須經常更換。Bus stop的菜單是掛在櫃臺上方的壓克力板，上面用電腦割字貼上去，要更換時必須全面更新，以維持一致性美觀。目前Bus stop的菜單以飲料為主，有幾款咖啡、茶飲、果汁、瓶裝飲料及沙拉，只提供外帶。麵包類產品與三明治、法式西點等，都是使用菜卡（產品卡），標示品名、價格等；這些產品的變動性較大，賣完時即將產品卡收掉，位置的擺放也經常移動，盡量將要促銷的產品放在最明顯的位置。

此外，點單（預購單）也是經常使用的單子，客人會預訂一些喜歡的產品。小傳單是推出新品時或是做促銷的工具，簡潔有力的商業設計，相當有說服力。這次情人節巧克力促銷活動，餐飲部協理Joe要Betty參與專案的進行，專案的負責人是餐飲部副協理Kent，為了推出情人節巧克力禮盒，需要先與點心房Tony討論巧克力的品項，其中必須有心形的巧克力，禮盒部分請大衛幫忙設計，最後確定做兩款形式：「愛戀傳情經典禮盒」十六顆裝，「玫瑰浪漫情心」八顆裝。巧克力禮盒設計得典雅有質感，相當符合傳遞幸福的情人節氣氛。Kent請Tony提供這些巧克力的配方表，再請成本控制室分析計算巧克力的成本。經過一番計算，十六顆的禮盒食材成本128元，禮盒包裝由於是私版，費用較貴，約80元；八顆的禮盒食材成本72元，禮盒包裝費用約55元；因此，十六顆的售價為$1080，八顆的售價為$680。相較於進口的名牌巧克力，KK大飯店的情人節禮盒顯得奢華而平價了。

海報與小傳單的設計，就顯出大衛的功力了，消費者看到之後，總會被吸引而駐足停看，繼而拿起手機順便拍下海報。這波活動在所有餐飲部門推廣，每個Outlet（餐飲據點）都有不錯的成績，尤其Bus stop預訂成績斐然，拔得頭籌。然而，這與Betty的努力有關係，她對每一位來店的客人推薦這個禮盒，並且在他們要離開時，不忘放一張小傳單在他們的袋子裡。

學習評量

1.請問古代的菜單有可能是什麼樣子？

2.請就你的觀點試說明御膳房為何如此龐大。

3.菜單因材質可分為哪幾種菜單？

4.菜單因供餐的種類可分為哪幾種菜單？

5.菜單上面應該放哪些企業資訊？

6.菜單的設計應考慮哪些因素？

第七章

菜單與成本控制

一、生產作業的前置規劃

1.菜單設計

「菜單設計」在整個餐飲活動中，扮演「敲門磚」的角色，它是「市場定位」的具體實現，也是啓動「餐飲成本控制循環」的開關，若菜單設計沒有完成，後續的活動便無法開始，因此，它是屬於成本控制的「前置規劃控制」階段。

菜單一般可分爲：單點菜單（à la carte）、套餐菜單（table d'hote）、單點套餐混合式（Combination Menu）、自助餐菜單（Buffet Menu）、半套式菜單（Semi-Set Menu）等，須視餐廳的特性來規劃。單點菜單法文是à la carte，英文是on the card，意思是寫在卡片之上，客人可以隨意點餐。套餐菜單法文是table d'hote，英文爲table of host，意思是主人家的餐桌，因爲客隨主便，所以主人吃什麼客人就跟著吃什麼，不必特意挑選；延伸爲「套餐」的意思。

多數以單點菜單爲主的餐廳，都有提供套餐選項，或者餐廳是以單點套餐混合式來呈現。但是，以自助餐（Buffet）爲主的餐廳，並沒有菜單供顧客選擇，只是餐臺上必須標示出每一道餐點的名稱。其實，自助餐是有其菜單的，但僅止於給廚房人員作爲出餐的依據。

生產作業是餐飲成本控制環中，重要的執行過程控制部分，因爲從採購、驗收、進貨，到倉庫發貨，前面的所有作爲就是爲了能讓整個生產流程順利，進而能提供最佳的餐飲服務。餐飲成本控制循環中的執行過程如下：

採購 → 驗收 → 直接進貨 → 倉庫 → 發貨 → 生產（製備、烹調、供應）→ 服務銷售 → 採購

採購部門負責以最低成本買到最適合的材料，驗收單位確認品質

規格與數量，倉庫準備足夠的庫存，是爲了讓生產單位能做出最佳產品，充分供應顧客的需求。

本章以虛擬的KK國際大飯店來做範例說明。

餐飲食材成本約占總收入30-35%，是餐飲部門最大的一筆支出。我們以數字來說明就更容易看出：假設KK國際大飯店每個月餐飲收入平均約爲8千萬元，那麼一年就有將近10億元，若以成本率32%來計算，則一年須用到的餐飲食材將有3億2千萬元。這一筆龐大的數字在整個生產的流程中，如何被最有效地運用，不浪費、不遺失、不被不正當地使用等，是成本控制中非常重要的課題。

生產單位大致分二大類：一爲廚房，一爲吧臺。當然，生產的重頭戲在廚房，因爲食品收入占了營收八成以上。以KK國際大飯來說，有十一個廚房，每個廚房都有主廚或副主廚負責，分別有一些廚師。廚房每天的工作量極大，必須處理許多食材菜餚。不同的餐廳有不同專長的師傅，每個人擅長的手藝也不同。但要如何才能維持一定的菜餚與品質呢？生產作業包括前處理、切割加工、配料、烹調等步驟，那麼多的領班、師傅、學徒、助手，每個人的素養與經驗值不同，要怎麼拿捏這些份量與時間？如何才能每次都製作出一樣水準的料理呢？以上這些問題，就需要有完整的前置規劃成本控制流程來予以解決。

2.菜單設計流程

當餐廳新一期的菜單設計好，尚未定價之前，要請餐廳的主廚將每一道的料理菜餚，制定出標準配方表（Standard Recipe）與標準菜餚成本單（Standard Food Items Cost）請詳表7-1、表7-2，再請成控室人員，計算出每一道料理菜餚的標準成本，有了標準成本，才進行定價。價格的制定牽涉到許多考量因素，一般都是由餐飲部經理、餐廳長、餐廳經理與主廚共同決定。

其菜單設計流程如下圖：

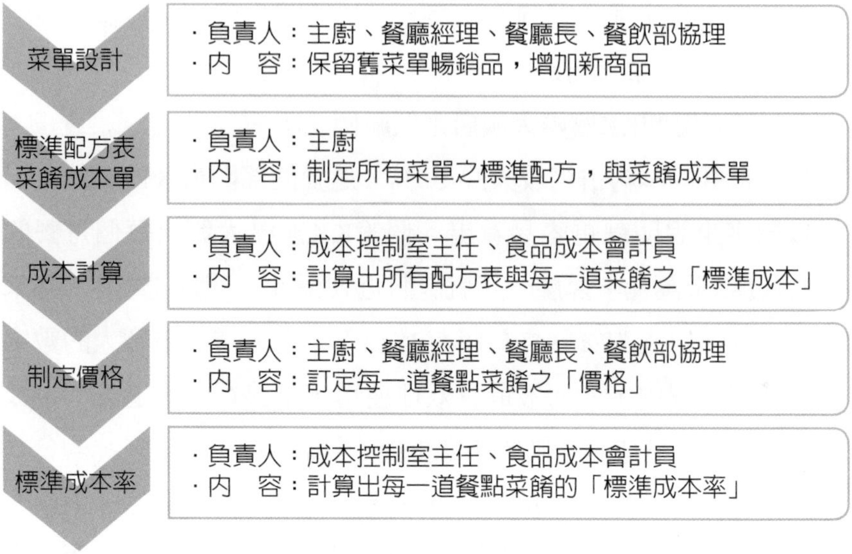

菜單設計
· 負責人：主廚、餐廳經理、餐廳長、餐飲部協理
· 內　容：保留舊菜單暢銷品，增加新商品

標準配方表
菜餚成本單
· 負責人：主廚
· 內　容：制定所有菜單之標準配方，與菜餚成本單

成本計算
· 負責人：成本控制室主任、食品成本會計員
· 內　容：計算出所有配方表與每一道菜餚之「標準成本」

制定價格
· 負責人：主廚、餐廳經理、餐廳長、餐飲部協理
· 內　容：訂定每一道餐點菜餚之「價格」

標準成本率
· 負責人：成本控制室主任、食品成本會計員
· 內　容：計算出每一道餐點菜餚的「標準成本率」

圖7-1　菜單設計流程圖

二、標準配方表與成本分析

1.標準配方表的定義

(1)目的：

國際大飯店所提供的食品菜餚，諸如主菜、湯品、點心、沙拉等，都是由許多材料組成的標準配方食譜。其重要性不只在於計算其每道食品菜餚的成本，也在於品質的一致性。因此，建立標準配方表給所有廚房使用就有其必要性。成控部門至少每六個月，須根據市場價格重新計算一次標準成本。

(2)製備方法：

主廚須負責彙整這些標準配方食譜，所有材料要精確記載，即使是調味品等，使其具有可靠性與一致性，方便計算價格並且包括製備流程。標準配方表以後續範例說明。你將發現所有材料與製備方法都詳細描述，因此它不僅作爲成本計算的依據，同時也是

品質控制的依據，它可以給新人參考，或其主管參考，確保產品的一致性。標準配方表的食材經由成控人員做仔細的成本分析計算。每份配方的實際使用量或份數，須由廚房在固定供餐期間確實計算出來。

(3)標準配方表製作與成本計算頻率：

標準配方無須經常更動，但成本至少每年須重新計算二次，以符合時價。至於使用電腦化系統，則直接連結，更為有效率與方便。標準配方須標示出菜餚上的每一樣食材，包括宴會菜單及所有午餐晚餐，甚至每日主廚推薦特餐等。

(4)其他資訊：

成控部門須掌握所有食材的清單與價格，以方便計算成本。另外，在廚房「雜項成本」這個欄位，是為了計算方便，調味品、香料等微量元素，不須花時間一筆一筆去計算，在主要材料小計總額下，加計5%的廚房成本即可。

為了更精確計算成本，成控室必須準備一本雜貨品項的清單，如乾貨類、罐頭類等，並且要有採購明細，包括品名、型號、容量、重量、數量等。

以往傳統的食譜，尤其是中餐的食譜配方，其重量與容量的標示往往並不明確，可能會以臺制的「兩」或「錢」表示，在某些材料上（特別是調味料）有時會用「一瓢」、「適量」、「少許」、「量其約」等表示，這種配方無法標準化，每一個師傅做出來的東西都不一樣。還有，在烹調製備過程的敘述過於簡化，火候時間的拿捏未寫清楚，經驗的傳遞不足，每個師傅要自行揣摩，其結果自然會有差異。

標準配方表設置的用意，不單只是在於計算菜餚的成本，更在於標準化，讓每位廚師都能遵照配方表操作，讓每一次出的餐點都一樣，如此方可有效維持品質，而且讓學徒能更有效地學習。它也是每一道料理的食譜配方，將一道菜餚或醬汁的配方寫在表上，每一樣食材都須有正確份量與斤兩，即使是調味品如胡椒、鹽和其他香料也要量化，盡量以公制表示之。

2.標準配方表範例

茲以「義大利肉醬」（標準配方表）做範例說明：

(1)所有材料均須列出，重量數量以公制計算。「價格／單位」爲購買食材之進價與購買單位。

(2)「廚房成本」之設計乃爲了計算之方便，調味料等不予計算，加5%爲廚房成本。

(3)生產數量與份量，是爲一次生產的經濟量，除以份數即可得每份的成本。

(4)所計算出來的標準成本，是爲了標準菜餚成本計算所需。

經由表7-2「標準配方表」範例，可以計算出製作十公斤量的義大利肉醬（Meat Sauce），成本小計爲1,612元，廚房成本爲80.6元，總成本爲1,692.6元，可知成品每公斤成本爲169元（1692/10）。

然而，在成本分析上，自助餐（Buffet）形式的菜單，一樣需要制定出標準配方表（Standard Recipe）與標準菜餚成本單（Standard Food Items Cost），也能計算出標準成本，只是它無法以每道餐點菜餚的標準成本及其銷售數量，來計算出標準成本的金額，這個部分需要以「實際成本」來做最後的檢視。自助餐（Buffet）是屬於成本較高的餐飲形態，需要以量制價，以量取勝，來客數不夠多時即容易造成虧損。

表7-1

KK Grand Hotel國際大飯店

標準配方表Standard Recipe

品名：________________ 廳別：________________

生產數量： 份量： 日期：

材料	數量	單位	單價／單位	小計
小計Sub Total：				
廚房成本Kitchen Cost 5%				
總計Grand Total：				
每份成本Portion Cost：				

製備及做法：

範例

表7-2

KKGrand Hotel國際大飯店
標準配方表Standard Recipe

品名：義大利肉醬　　　　廳別：義式餐廳

生產數量：10kg　　　份量：77　　　　　日期：xxxxxx

材料	數量	單位	單價／單位	小計
牛絞肉*（牛臀肉）	7	Kg	180/kg	1260
洋蔥	1	Kg	40/kg	40
紅蘿蔔	1	Kg	30/kg	30
西芹	1	Kg	45/kg	45
蒜末	0.2	Kg	80/kg	16
香洋香菜	0.3	Kg	70/kg	21
番茄糊	1.5	Kg	280/tin/3kg	140
新鮮番茄	1	Kg	60/kg	60
義式綜合香料	100	G	-	
胡椒、鹽	50	g	-	
小計Sub Total：				1612
廚房成本Kitchen Cost 5%				80.6
總計Grand Total：				1692.6
每份成本Portion Cost：			每份130g	22
製備及做法：				
1. 將蔬菜切碎備用。				
2. 放油入鍋，加入碎洋蔥先炒，再加入其他蔬菜。				
3. 加入牛絞肉炒香後，加入番茄與番茄糊續炒。				
4. 加入雞高湯淹滿，燉煮約1小時，加入香料調味。				
5. 起鍋放冷備用。				

三、「標準菜餚成本單」與成本分析

1.標準菜餚成本單的定義

(1)目的：

「標準菜餚成本單」是菜單上任何一道菜餚的標準組合內容，再加上成本分析，可以確切得知這道餐點的「標準成本」。將標準成本除以售價，如此可以算出「標準成本率」。

此表單的目的不只是記錄標準份量，它同時也是完整盤飾、服務的準則，且又是進價與售價改變及成本波動的紀錄表單。

(2)責任歸屬：

大飯店所有單點與套餐菜單，都須準備與制定「標準菜餚成本單」，這是餐飲部協理的責任，而成本資料與成本計算，則是成本控制室的責任。

(3)做法：

每一個營運據點的菜單必須標準化，且最新的菜單銷售分析也要事先準備好，餐飲部協理、主廚及成控主管必須對菜單銷售分析資料仔細研討過。不管是配方上、生熟食測試、標準份量的建立等，都能得到一個好的成本及售價，並且是餐飲部協理可以接受的。如果是新的營運據點，相同的方法必須照做，當新的菜單確定後，行銷活動也要開始規劃。

餐廳的電腦系統，可以方便自動計算，每月的標準食物成本、標準配方與製備流程，是由主廚決定，有可能早已建檔了，但餐廳經理與餐飲部協理也可以提供建議做適度調整。當這些都定案後，就由成控室接手做成本計算，即使是配菜的改變，也必須依照銷售分析與食物成本來做考量。最終，成本控制室須彙總完成「標準菜餚成本單」。

2. 標準菜餚成本單表格

請詳表7-3，標準菜餚成本單空白表格：

表7-3

KK Grand Hotel國際大飯店
標準菜餚成本單Standard Food Items Cost

廳別：＿＿＿＿＿＿　　餐期：＿＿＿＿＿＿

品名：＿＿＿＿＿＿　　菜單形式：＿＿＿＿＿＿

製作日期：

菜餚組合內容	成本	照片
總計Cost：		
售價Price：		
成本率Food Cost %：		
服務說明：		

3.標準菜餚成本單範例

(1)表頭：

餐廳名稱、菜單形式、供餐期間、餐點名稱。

(2)內容組成：

這是一道菜的組合與呈現清單，包括主菜、配菜、醬汁與盤飾，須有單獨配方表，作爲單項成本計算的依據。

(3)成本計算：

成本計算是由成控室，根據各單項標準配方表完成，而且在一定期間內需要重新檢查或重新計算。

(4)總計：

所有品項的成本加總後，除以售價即得成本率，並塡入適當欄位。

(5)服務指引：

服務指引由餐飲部協理制定，包括餐具的選用（瓷器、銀器、口布等）、不同菜色的服務方式與服務流程。廚房服務區的設置由主廚決定，財務部門則須配置收銀系統。當菜的內容有更動、新增，或是調整價格時，菜單品項則必須重寫。

爲簡化標準菜單之成本計算，應建立標準食譜系統，製作索引清單，例如醬汁、湯品、開胃菜、點心等。索引包括：標準配方表編號、配方名稱、每公斤／公升之成本、每份之成本等。其他如烹調測試的每份成本係數，或是切割後每公斤之成本等類似的索引也要準備。

儘管成控部門在整個過程中，扮演資料的提供與記錄等工作，但是餐飲部協理在整套系統的建置、確實使用與維護，負有最大的責任。目前餐飲業已經走向連鎖加盟的趨勢，一個成功的餐廳是可以被複製的，其關鍵就在於「標準化」。設想「麥當勞」全球有三萬六千多家（2015），其產品在世界任何地方都是一模一樣，口味也一致，如何能做到呢？答案也是標準化。就如臺灣王品餐飲集團的各式餐廳、瓦城泰式料理、和民日式料理、錢都涮涮鍋等，莫不是用標準化做到連鎖加盟的地步。

茲以下表7-4「鴨胸義大利寬扁麵」（標準菜餚成本單）做範例說明：

範例

表7-4

KK Grand Hotel國際大飯店
標準菜餚成本單Standard Food Items Cost

廳別：義式餐廳　　　　餐期：午餐、晚餐

品名：鴨胸義大利寬扁麵　　　　菜單形式：單點

製作日期：xxxxxxxx

菜餚組合內容	成本	照片
煙燻鴨胸1份150g（$300/kg）	45	
義大利寬扁麵1份100g（$55/454g）	12	
義大利肉醬1份130g（$169/kg） *請詳範例表21	22	
烤好松子1份10g（$650/kg）	6.5	
總計Cost：	85.5	
售價Price：	360	
成本率Food Cost %：	24%	
服務說明：		
1. 將炒好之義式寬扁麵裝入晚餐盤。		
2. 將煎好之鴨胸放入，灑上烤好之松子、Parsley做裝飾。		
3. 趁熱上桌，並現場加上帕馬森起士粉或現刨之起士片。		

⑴所有菜餚內之組合內容均須列出。

⑵各組合內容之標準配方表之成本必須經過明確計算。

⑶所計算出來的標準成本，是作爲定價之依據，並計算出標準成本率。

⑷必須附上餐點產品之照片，讓每次出餐最後之盤飾皆能一致。

⑸價格由主廚及餐廳經理建議，最後由餐飲部協理決定。

由範例可以明確看出一道菜餚的各種組成要素，如自製醬汁是需要事先做好備用的，它也必須能夠根據「標準配方表」的做法，事先計算出它的成本。其他如主餐的配菜、洋芋泥、焗烤洋芋、奶油飯、什錦蔬菜等都是相同的做法。因此，鴨胸義大利寬扁麵的標準成本爲85.5元，決定售價爲360元，標準成本率爲24%。

由標準菜餚成本單可以知道鴨胸義大利寬扁麵需要使用一百三十公克的肉醬，根據義大利肉醬配方表計算結果，每公斤的肉醬成本爲169元，所以算出每份成本爲22元。然而，肉醬也可以用在其他料理上，如果某一道料理需要使用一百公克的肉醬，則其成本爲16.9元。

經由這兩個表格的充分運用，可以讓整個生產部門進入一種標準化的流程，就如同標準服務流程SOP一般，不管廚房或吧臺，都能維持良好的產品品質。同時，也讓做的人能夠清楚明白，每一道料理的成本是多少。既知其然，又知其所以然。

*註：食材市價會有波動，標準成本計算應定期爲之！

四、建立標準成本——餐飲成本的目標

1.標準成本的觀念

身爲餐飲部門的管理者、主管、專業餐飲人員，必須有「標準成本」的正確觀念，因爲它提供一個分析比較的基礎與方法。在餐飲經營上，它爲你指引出一個方向，讓你能朝目標邁進，它也爲你建構出完整的架構，讓你能時時檢視每一個流程與環節。

標準成本就像超商裡商品的進價，例如一瓶鮮奶進價$48元，售價$60元，則代表一瓶鮮奶的標準成本就是$48元，48元除以60元，則成本率爲80%。因此，標準成本是某餐廳所有售出的商品組合的總額，每個餐廳都有其標準成本。以KK國際大飯店的翡冷翠義式餐廳爲例，其菜單有一百項，6月份的商品銷售紀錄如下表7-5「義式餐廳菜單銷售紀錄表」，則其整體營業額與標準成本透過POS系統可以得到數字爲：餐飲總收入=$2,144,500，標準成本總額=$654,072，標準成本率爲=30.5%。

而其標準成本是爲「目標成本」（即潛在成本），就是透過標準化作業流程，在正確的成本控制循環操作之後，希望得到的目標成本，當然也期望與「實際成本」盡量接近，甚至是一致的。

如果結帳後的「實際成本」與「標準成本」有較大的落差時，該如何處理？一名專業經理人，必須根據差異的部分做仔細對比，找出差異的原因，做妥善的處理與調整，以在後續的經營上，能讓兩者盡量接近。（見表7-5）

範例

表7-5

義式餐廳菜單銷售紀錄表

期間：105年8月1日～105年12月31日

編號	品項	成本	售價	成本率%	銷售數量
Xx01	Antipasti E Insalata Misti A Sorpresa 綜合開胃菜	60	250	24	2600
Xx02	Insalata Caprese e Basilico Fresco新鮮莫札里拉起司番茄羅勒盤	75	280	27	1800
..	Minestrone Di Verdure Con Zucchini 義式綠節瓜蔬菜清湯	20	100	20	900

編號	品項	成本	售價	成本率%	銷售數量
..	Creama Pi Datate Con Porri扁豆湯	18	100	27	850
..	Zuppa Al Pomodoro番茄濃湯	24	100	24	1600
..	Tagliatelle Alla Carbonara 奶油培根寬麵	80	290	25.5	1720
..	Gnocchi Di Patate Con Pesto Genovese Epolpa Di Granghio青醬蟹肉麵疙瘩	88	300	32	1450
..	Petto d'anatra Alla Fettuccine鴨胸義大利寬扁麵	85.5	360	24	750
..	Tagliatelle Ai Funghi Porcini E Scaglie Di Tartufo Nero普奇尼菌菇義大利寬麵	92	320	28.8	1250
..	Risotto Ai Frutti Di Mare什錦海鮮燉飯	76	270	28	2100
..	Bistecca Alla Fiorentina佛羅倫斯牛排佐綠胡椒沙司	250	850	29.4	1200
..	Galletto Al Forno Al Balsamico E Peperoni香烤半雞佐甜椒蜂蜜義式老醋沙司	210	780	30	1480
..	Osso Buco Alla Milanese Con Porcini普奇尼菌菇燉牛膝	245	920	26.6	600
..	Filetto Di Cernia Rossa Alla Salsa Di Peperoni Rossi鮮魚佐甜椒白酒沙司	192	780	25	910
..	Costine Di Manzo Ai Ferri Con Salsa Al Pepe Verde香煎無骨牛小排佐綠胡椒沙司	260	980	26.5	1200
..	Filetto Di Manzo Al Vino Porto一級鐵扒菲力佐波特沙司	480	1550	32	500
..	Panna Cotta Con Frutta Fresca義式傳統奶酪	15	90	17	1800
..	Budino Al Caramello焦糖烤布蕾	18	90	28	1350
..	Macedonia Di Frutta糖漬季節鮮果	25	110	23	800
..	Tiramisu提拉米蘇	28	110	25.5	1900

編號	品項	成本	售價	成本率%	銷售數量
	……				……
	……				……
	總計				

五、更換新菜單須有新的標準成本

1.菜單更新

餐飲業是一個高度競爭的行業，不斷有新的餐廳或飯店出現，若不努力進步，很快就會被市場淘汰。套句古人說的話：「學如逆水行舟，不進則退。」用在各行各業都很適用！尤其現在是創意無限的年代，這已經不只是跟當地業者競爭，隨著網路無國界的影響，已經在跟全世界競爭了！

餐廳的菜單不可能一成不變，一段時間就必須換新的菜單，這就有賴主廚與領班們大家集思廣益，研發新的菜單，讓顧客不斷有新鮮感。但是，要更換新菜單並不是全面更新，而是做一部分的調整，需要被替換掉的餐點，一般都是銷售成績不佳的品項。這個時候，可以做「菜單分析工程」（本書第十四章有專章介紹），以作爲更換新菜單的參考依據（請詳表7-5「義式餐廳菜單銷售紀錄表」）。

當新菜單確定之後，就必須要請餐廳的主廚們，制定新式菜餚餐點的標準配方表（Standard Recipe）與標準菜餚成本單（Standard Food Items Cost），請詳表7-2、表7-4。等標準配方表與菜餚成本單制定完成之後，再請成控室計算出配方表的標準成本，有了標準成本之後再來做餐點的定價。

B-story-7

成本控制室的洗禮

當Betty第一次進入成本控制室，就像進入一個奇特的空間。成控是位於客房樓層的五樓，房號529，是一般客房改裝而成的辦公室。她是來找Alex要下次Bus stop更新餐點的成本分析，因為，餐飲部協理Joe要她負責下次更新菜單的工作。Bus stop 已經營運一年多，生意不錯，Betty 的表現也是可圈可點，對於KK大飯店的服務理念有高度認知，也很熟悉烘焙坊的整個運作，所以Joe決定讓她試試看。

上個月Betty就密集地與Tony（高師傅指派）討論Bus stop菜單更新之事：麵包類、西點類是點心坊的產品；沙拉、三明治等輕食是冷廚房供應的，這部分一向是由丁師傅負責；飲料吧的品項，則是她的專長。所以，菜單更新就朝這三部分進行。

Alex主動協助她做了一份「菜單分析工程」，期間涵蓋從開幕到上個月的分析報表，她第一次了解到原來更換菜單需要這樣的流程。於是，她在與點心房的Tony及冷廚的丁師傅討論時，就一併使用菜單分析工程報表，來探討：哪些是明星型商品，這些需要保留；微調跑馬型商品，以提高利潤率；困惑型商品需要做部分更新，部分改變；苟延殘喘商品則全部去除，換上新的品項。如此一來，既照顧到顧客對明星商品的喜愛，又能推陳出新，滿足顧客對新品的期待。

所有新品確定之後，Alex將標準配方表的空白電子檔寄給Betty，Betty 再轉給Tony與丁師傅，請三人直接使用電子檔製作標準配方表內容，並且須先試做後拍照，完成後再將檔案寄給Alex。

Alex除了將新的標準配方表做成本分析之外，舊有的商品，也根據目前食材的成本，重新計算過成本。因此，他給Betty的資料，是所有新一期菜單的標準配方表。Betty拿到之後，進入商品價格的制定，她根據前一期的售價，再根據成本，以及目前市場烘焙產品的飯店級價格，做出建議售價。經過細算，所有商品的食材標準成本率約落在26.5%；與上一期的成本率略低0.5%。

Betty整理了新一期菜單的成本與價格清單，連同菜單分析工程，一併呈給Joe。

Joe在仔細看過之後，露出讚許的眼光對Betty說：「Excellent！」

後續的工作與美工部有關，即製作新一期的菜單。

學習評量

1. 菜單可分為哪些類別？
2. 請說明菜單設計的流程？
3. 請說明標準配方表的意義。
4. 請說明標準菜餚成本單的目的。
5. 何謂標準成本？
6. 何謂菜單分析工程？
7. 請說明菜單定價策略。

第八章

定價策略與菜單設計

產品定價是一門學問與藝術，它牽涉到市場定位、區隔與目標客群，決定餐廳在消費者眼中的形象與質感。

市場本身是一種競爭機制，餐飲市場活潑多變，競爭者多如過江之鯽，除了維持產品品質外，如何才能在市場中屹立不搖，就考驗經營者的市場智慧了！

定價策略有其目的性：著眼於競爭時，採取競爭價格；著眼於品質時，採取維護價格；若著眼於品牌形象時，則採取高價策略了。

菜單定價前必須要完成確實的成本分析，才能有務實的成本觀念。成本多少？售價多少？成本率多少？毛利是多少？若無法回答這些問題，就不是一個成熟的做法！

茲將定價策略分幾點論述：

1. 以成本爲依據
2. 以市場競爭爲依據
3. 以消費者屬性爲依據
4. 以市場定位與區隔爲依據
5. 以利潤爲依據
6. 定價方法：整數法／去尾法／吉祥數字法／價格跟隨法

一、以成本爲依據

餐飲業以食材成本占所有支出中最大的區塊，一般約占總收入的35%左右。不同的餐飲形式其成本占比也不同，因此，如何定義其成本率就牽涉到定價策略了！

餐飲經營必須能細水長流，這中間就要考量供需的均衡。什麼樣的價格是消費者能夠支付的，且是願意重複消費的，當上述的條件成立時，說明這家餐廳的定價策略是成功的。

因此，以成本爲定價依據時，首先要計算出每一道餐點的標準成本，再根據其成本，以餐廳的標準成本率去訂定其售價。例如：一份凱撒沙拉的標準成本爲$70.3元（請參考表8-1與表8-2之範例），餐廳的標準成本率爲32%，則以$70.3元除以32%則得到220元，因此，可以將價格定在220元到240元之間。以本書案例，將凱撒沙拉售價定在240元一份，則其成本率爲29.3%，以五星級大飯店來說，相當合理。

表8-1

KK Grand Hotel國際大飯店
標準配方表Standard Recipe

品名：Caesar Salad dressing凱撒沙拉醬　　廳別：翡冷翠

生產數量：5520g　份量：60g/P　19/P　　日期：105.12.31

材料	數量	單位	單價／單位	小計	
Egg yolk蛋黃（600g）	30	個	100/kg	60	
Oliver oil橄欖油（3000cc）	3	L	280/L	840	
Mustard黃芥末（300g／罐）	300	g	130／罐	180	
Lemon檸檬汁（約1.5kg）	10	個	90/kg	135	
Anchovy鯷魚（100g／罐）	2	罐	75／罐	150	
Caper酸豆（200g／罐）	200	g	120／罐	190	
Garlic蒜頭	300	g	120/kg	36	
Pine Seed松子	100	g	900/kg	90	
Parmesan Cheese 帕瑪森起士	100	g	820/kg	82	
鹽、胡椒	20	g	-		
小計Sub Total：	5520	g		2301	
廚房成本Kitchen Cost 5%				120	
總　計Grand Total：				1763	
每份成本Portion Cost：			319/L		*60g約19元

製備及做法：

1. 將蛋黃、黃芥末、鯷魚、蒜頭、酸豆、松子先打成泥。
2. 繼續攪拌慢慢加入橄欖油，太硬時加入檸檬汁，將醬汁打發。
3. 最後加入起士粉與調味料，調味完成。

表8-2

KK Grand Hotel國際大飯店
標準菜餚成本單Standard Food Items Cost

廳別：翡冷翠　　　　餐期：午餐、晚餐

品名：Caesar Salad 凱撒沙拉　　　　菜單形式：A La Carte

製作日期：105.1.1

菜餚組合內容	成本	照片
蘿蔓生菜1顆（約200g，140/kg）	28	 
凱撒沙拉醬（約60g）	19	
奶油麵包丁（約20g，100/kg）	2	
烤好松子（約5g，900/kg）	4.5	
香脆培根丁（約10g，450/kg）	4.5	
帕瑪森起士（約15g，820/kg）	12.3	
總計Cost：	70.3	
售價Price：	240	
成本率Food Cost %：	29.3%	
服務說明：		
1. 將蘿蔓生菜洗淨，泡冰水備用。		
2. 將蘿蔓生菜切半，水瀝乾，放置盤中。		
3. 淋上凱撒醬，撒上烤好松子、香脆培根、麵包丁。		
4. 最後現刨帕瑪森起士，即可上桌。		

二、以市場競爭為依據

餐飲業是一個高度競爭的行業，每天都有餐廳開幕，也每天有餐廳熄燈；各家餐廳莫不想方設法來尋求消費者的認同，以便能在業界生存下來。所有能營業超過十年的餐廳，代表它已經獲得消費者的認同，如果能夠經營超過二十年甚至更久，更證明這是一家有競爭力的餐廳。

菜單的定價也是一種市場定位，在同層級的競爭同業中，其價格的制定表示對自身產品的信心。然則，其價格是需要經過檢驗的，以時間軸拉長視野，在長時間的檢視中，或可發現一些道理。

以國外知名速食業龍頭麥當勞爲例，除了其本身餐品的品質標準一致性外，場所的明亮、服務的迅速、歡樂的訴求，也是吸引顧客的利基。但是，其菜單的定價策略，也是著眼於競爭面，如何在眾多的競爭對手當中脫穎而出，維持其業績的增長，除了餐品本身外，乃在於其價格的接受度高，讓眾多的顧客願意經常光顧。

再以國內知名餐廳「王品」爲例，王品牛排是一家高級餐廳，以「臺塑牛小排」爲主要訴求，其餐廳的平均消費額約1,200元+10%（2015），但是其餐飲與服務所呈現給客人的價值感，可能約1,500元以上。這表示王品的定價策略是著眼於市場競爭，在市場長期的競爭中，它依然保有一席之地。簡而言之，以市場競爭爲依據的定價策略，其價格接近於同品質餐廳的價格或者是更低。

三、以消費者屬性為依據

餐廳在做定價時必然會考量到消費者的屬性，不同地區有其不同消費者屬性，城鄉之間有其差異，不同族群間也會有差異，因此地緣的關係也是考量點之一，這是屬於立地條件之一。就如同一家餐廳開設在都會區或是開設在郊區，其產品設計與價格制定所需要的考量，一般會根據消費者特性，就是主要目標客群而調整，可以是一致的，也可以有不同的微調，以適合消費者的需求。

舉例來說，同樣是客家料理餐廳，一家開在都會區，一家開在鄉鎮區，由於消費者屬性之差異，菜單內容可以相同。然而，都會區的餐點需要製作得更加精細，盤飾優美，分量稍少；至於鄉鎮區的餐點可能需要份量大而味道重些，價格上也可以比都會區的便宜一點。

四、以市場定位與區隔為依據

餐飲市場有不同的定位與區隔，每個定位更有其細部的分別。假設餐飲市場分成三個部分，如圖8-1所示，有高價位、中價位與低價位，但是高價位市場又可區分得更細。然則，高、中、低三個價位區間又該如何劃分，這需要給予定義。多少價位之間是屬於高價位？這中間還有一個問題，就是不同的餐飲形態，例如：火鍋市場、速食餐飲市場、創意料理、牛排館、Buffet、壽司店等，也會有不同的價格定義。對於一般普羅大眾，1,000元～2,000元就應該是高價位，但是對於有錢階級，是3,000元以上才算高價位吧？那麼600～800元左右可以算是中價位，300元～500元原則可說是低價位了！這些市場定位之區別沒有一定標準，端看你的認知，都會的消費者與鄉下的消費者對於同樣的問題會有不同的想法。

餐飲市場有各種不同的需求，自然地，其市場就有區別。高價位的需求是屬於金字塔頂端，是小眾市場；反之，低價位需求者眾，是屬於大眾市場，供給與需求都最多。最近大前研一提出M型社會理論，指出中間的消費者不見了；但事實上，中間的消費者一直都在，從來不曾消失過！請看目前之餐飲市場即可明瞭。

在同一個市場價格帶中，餐廳業者爲了競爭，會特別做出市場區隔，例如：在頂級火鍋市場，某一火鍋品牌推出以「養生」爲主題的火鍋；某漢堡店在某地區推出雞肉漢堡以取代牛肉漢堡，針對穆斯林族群；其價格的制定必然以其市場的客群爲主要考量。

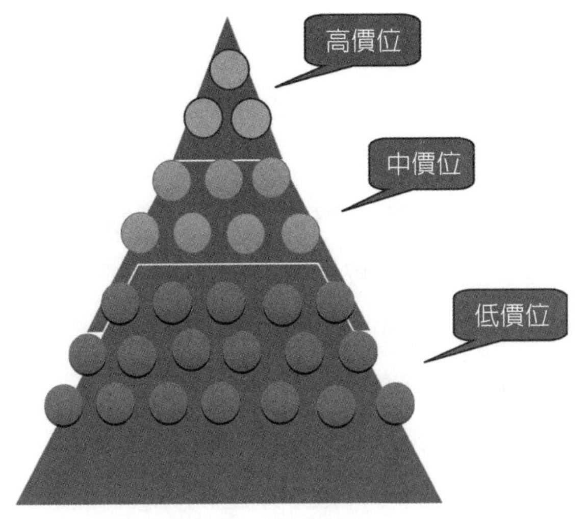

圖8-1　市場定位圖

五、以利潤為依據

以利潤爲定價依據的做法，則與以成本爲依據的做法類似：首先一樣要計算出每一道餐點的標準成本，再根據所要求的毛利來制定售價。毛利的公式爲：售價−成本=毛利；所以反推回來即是：售價=成本+毛利。

餐廳可以制定一個標準的毛利率，用以引導其價格的制定，例如：一份佛跳牆成本$850元，餐廳的標準毛利率爲65%，則以850元除以（1-0.65）則得到2,428元，因此，可以將價格定在2,400元到2,450元之間。

餐廳的經營須能賺錢才可以繼續，不賺錢的餐廳很快就面臨關門的命運，因此，餐廳必須有一定的毛利，才能有一定的淨利，故而以利潤爲定價的考量，也是一種策略上的運用。

六、定價方法

定價策略因人而異，但總會採取一種該企業認爲的最佳策略，以期產生最好的結果。至於定價的方法有幾種建議，分述如下：

1. 整數法：價格的制定採用整數法則，例如300、350、400、850……，讓菜單呈現一種較大的氣勢與格局。
2. 去尾法：價格的制定採用去尾法則，例如325則用320，483則用480，585則用580等；讓客人不必爲了尾數傷腦筋！
3. 吉祥數字法：價格採用國人喜歡的吉祥數字來制定，例如366、588、699、168等；利用吉祥數字產生親切感，拉近與客人的距離。
4. 價格跟隨法：價格的制定採用跟隨法則，即鎖定一家競爭對手，對方菜單售價定多少，也跟著定一樣的價格。然則，這種做法適用在品項較簡單的速食業，品項繁複的正式餐廳可能並不適合。

B-story-8

Angel's Kiss

最近流行輕食風，辦公室的淑女們為了健康取向，午餐不敢吃得多，有些人會到Bus stop買麵包或沙拉當成午餐。Betty想到早餐有提供組合餐，或許中午也可以推出一個輕食套餐，來因應這些粉領族的需求。於是，她開始構思，如何做一個最理想的搭配。她請Tony給予意見，Tony提到一個點子：

「『黑白配』」如何？

「什麼是『黑白配』？」

「就是白色麵包或三明治加咖啡的組合！」

哦！Betty想了想，色彩分明好像不錯，現行的組合餐，一款麵包+一款飲品可以打八折優惠，由客人自行選配，效果也還不錯！可惜沒有特色。

「能不能專門設計一款獨特的午間套餐？」

Tony說：「有一種白麵包，或許可以試著用用看！」

「好啊！那就請你先做來給我，我再試做一款飲料來搭配她。」

Betty開始嘗試幾款適合這種白麵包的飲品，中午盡量以果汁或乳品來搭配。後來，做了一杯以白色優酪乳裡面有水果丁，上面淋上蔓越莓汁，使用粗吸管，試吃之後，覺得非常「適配」！白麵包的內餡是鹹乳酪與葵花子，配上這杯飲品，有一種水乳交融的感覺！

「就叫它為『天使之吻』吧！」Tony提議。

這兩種產品都是以白色系為主，蔓越莓汁顯得亮麗耀眼，這樣的名稱應該滿貼切的。

「那就命名為『Angel's Kiss』！」，

當成季節限定，而且只有午餐供應，一份套餐定價$119，試賣看看好了！售價是因為白麵包一份60元，特調飲品一份80元，以優惠價119元供應，取一個人人熟知的數字。

海報與傳單特意為粉領族設計，強調健康輕食風。

剛開始每天限量20份，一週後增加到五十份，三週後已經增加到一百份了！熟客進門會直接說我要119！

學習評量

1.請說定價策略有哪些？

2.請說明「以成本為依據」的定價策略。

3.請說明「以市場競爭為依據」的定價策略。

4.請說明「以消費者屬性為依據」的定價策略。

5.請說明「以市場定位與區隔為依據」的定價策略。

6.請說明定價方法有哪些方法？

第九章

宴會與菜單設計

一、宴會的特性

1.宴會的形式與種類

宴會與生活議題息息相關，舉凡生活中值得慶賀的事情，抑或是生命中重要的時刻，都需要藉由宴會的形式來慶祝與歡聚。孟子有云：「獨樂樂不如眾樂樂」。因此，這許多高興的事情，諸如：迎神、賽會、彌月、生日、文定、結婚、歸寧、升官、尾牙、開工、喬遷入厝、週年慶、家族聚會等等；現今人際間的交流與酬酢更加五花八門，諸如：民間社團的成立，企業與機關的迎新、送舊、慶功，同事同學間的聚會，生意場合的交際應酬等；甚至是國際間的交流與互動，諸如：宴請國家元首的國宴，外交領事人員的國慶酒會，國際組織年會，國際研討會的正式晚宴，國際社團的年會、例會，姐妹會等；乃至於各種大小節慶，諸如：情人節、母親節、父親節、端午節、中秋節、聖誕節等活動。由此可見，宴會幾乎已與現代人的生活緊密結合。尤其到了過年前，各式各樣的宴會，占據了許多人的每日行程。

造成宴會如此頻繁與盛行的原因，主要是因為政治安定，經濟繁榮，國際間交流頻仍，人際關係受到重視，以及現代人傾向外食。以往會在家裡宴客的做法，因為雙薪家庭職業婦女增加，沒時間準備餐食料理，所以乾脆約在餐廳、飯店聚會，省事方便。再者，現在網路與媒體美食節目的流行，引發消費者對於美食的追求，於是趁著聚會，到處去品嘗各家的烹調藝術。

宴會廳與一般餐廳的差異，是它的多變性及空間性，尤其大飯店的宴會廳，其營收往往占整個飯店餐飲部門營收40%至80%，甚至更多（許順旺，2005），由此可見宴會廳之重要性。也因此許多大型餐廳都設有宴會廳或是包廂，更有許多中式的大型宴會廣場，專門經營宴會這個區塊。飯店因為設有許多不同風味的餐廳，因此，宴會部門可以根據需求而提供各種形式的菜單，諸如：

(1)公司行號開會的茶點（Coffee Break）

(2)茶會（Tea Party）

(3)酒會（Cocktail Party）

(4)自助百匯式（Buffet），各種餐飲主題的餐會（中式、西式、日式、國際式）

(5)中式圓桌合菜（Chinese Lunch、Dinner）

(6)中西式套餐（Set Lunch、Dinner）

此外，有些飯店也提供外燴服務，小至數人，大至數千人的餐會都能提供，讓整個餐飲業顯得生機勃勃。

2.宴會與人力資源管理

由於宴會部門的量體空間大，一次能提供大量的餐飲需求，所以也需要使用大量的P.T.（打工工讀生），這會形成服務品質上的重要課題。與一般餐廳相比，宴會廳的PT是屬於計次的打工性質，餐廳的PT則屬於固定性的打工。相較之下，餐廳的PT等同於正職人員，不管在服務態度上、對餐廳的熟悉度、服務技巧上，甚至於對餐廳飯店的認同感，都遠遠優於宴會廳的PT。那麼如何才能提升宴會廳的PT的素質，從而能提供更好的服務品質，這需要一些積極的做法。

宴會廳的PT都來自地方上的大專院校或高中學生，往往一個學生就能帶來一票的人手。但是，在期中考或期末考時或學校活動的日子，這些PT就無法來打工，常常造成人手不足。因此，如何兼顧「質」與「量」，這需要分幾部分著手：

(1)加強教育訓練，舉辦餐飲服務技能訓練課程。

(2)由老鳥帶新手，一對一教學。

(3)幹部督導，由主任領班帶領一起操作。

(4)多一些正職服務人員。

(5)與技職院校簽訂實習生計畫，固定員額按時輪替。

(6)安排一部分非學生之PT。

(7)安排辦公室部門員工外場服務實習，可作爲備胎。

(8)加強勤前教育與說明。

3.宴會的重複性

宴會的舉辦與餐廳的消費皆有其重複性，客人今年宴客之後，明年可能會再來，以後也可能經常光顧。還有許多固定例會的社團，如扶輪社、獅子會、崇她社等，更是每週、每月固定光臨。如此經常性的客人，對於宴會的要求著重在菜色餐點的變化上，二三套菜單已經無法滿足顧客的需求。除此之外，某些團體或個人的特殊偏好或飲食上的禁忌，甚至是會造成過敏源的食材，也需要特別考量，以免產生不必要的糾紛。

這時，完整記錄所有賓客的特殊考量就成爲必需，而每次使用過的菜單也要留下來，當下一次開菜單時，即須參考曾經出現過的菜色，盡量以不重複爲原則。即使會使用到一樣的食材，但是烹調做法必須改變，讓這些忠實的顧客能感受到飯店的用心，也才不至於很快就厭倦例行的宴會。

二、宴會菜單的規劃

1.宴會菜單的款式

宴會是飯店中最重要的餐飲營收來源，宴會廳是所有餐飲形式的集合體，它可以舉辦各式各樣及各種餐式的餐會。宴會廳所使用的菜單是屬於一次性菜單，所以，大部分的飯店會設計雅致漂亮的菜單夾（Menu Folder），裡面是高級紙張列印的菜單。這種宴會菜單封套可以較厚的皮革燙金，來顯現質感，也可以用卡片紙設計出有特色的封套，內頁菜單與菜單夾綁上金線，展現流行設計感。另外，也有印製單張的菜單，放在每位客人的餐盤上的做法。筆者曾經替一對新人設計過一款書籤式的喜宴菜單，放在每一位客人的餐席上，連同送客的小禮物放在一起，方便客人收藏。一般飯店宴會廳會在菜單上打出主辦單位與宴會名稱，另一邊則是餐點的內容；菜單夾（Folder）則盡可能重複使用，以節省成本。

圖9-1　宴席餐桌擺設與菜單

2.宴會菜單的材質

如前所述，宴會菜單所使用的材質，與一般菜單的素材無異，端視你的目的而定。多數菜單夾封套以紙張設計印刷，若要提供奢華質感，可以使用如絲綢或皮革類作爲封套，燙金、燙銀皆可；若要節約成本，則可以將菜單夾背膠及亮披，只要不弄髒，簡單擦拭即可回收再次使用。

此外，在紙張的選擇上，可以選用高級進口紙或特殊模造紙，以優質的紙質呈現出雅致的感覺，無形中提升飯店的形象。

3.宴會菜單設計注意事項

撇開菜單夾（菜單封套）不談，宴會菜單設計時須掌握到幾個重點，方能讓宴會的功能充分達成。

⑴菜單資料庫的建立

·可依宴會餐飲形態分類建置菜單資料庫，例如：會議茶點、喜宴、尾牙、春酒、公司社團例會、壽宴、彌月、謝師宴等；再依據中西餐的差異，建立中式圓桌菜單、中（西）式自助餐、茶會、酒會等。

⑵每道菜餚的成本分析

·菜單資料開立好之後，需要經過成本分析，方能決定售價，每一種餐式可以有幾種價位供顧客選擇。

⑶建立菜單內容可更換的規則

·由於菜單資料有不同價位供顧客選擇，必須建立其中更換的機制。有些成本比較高的餐點，在更換時需要調整價格，因此，每一道餐點的成本應該有一個標準，訂席人員在與顧客洽談宴席時，才能隨時做出彈性調整，而不致增加食材成本。

⑷成本率的制定

·成本率的制定與一般餐廳的做法雷同，但是有一個差別在於宴會多以套裝形式（Package）包裝銷售，例如喜宴的價格一桌NT$18,000元，包括無酒精飲料無限供應、每桌會送一瓶飯店指定紅酒、每桌一盆鮮花、飯店套房一間（當新娘休息室）、出場秀、司儀、喜帖、DJ、新祕、氣球布置、鮮花拱門等，這些支出成本，必須從餐費裡面扣除，如此才能呈現眞正的食物成本觀念。因此，一桌NT$18,000元的餐費，可能每桌要移出NT$2,000元給上述費用，眞正作爲成本分析的餐費，是一桌NT$16,000元。若以標準食物成本率35%計算，則每桌$5,600元將是可接受的食物成本。

⑸菜單的內容編排

①冷盤與開胃菜在先

②口味由清淡逐漸濃郁

③食材以不重複爲原則

④烹調手法須豐富多變

⑤盡量利用當季食材入菜

⑥菜色須能符合宴會主題

⑦以甜點水果結尾

⑧所用食材需與菜名相符

4.從賓客的需求談起

菜單的設計必須從顧客的需求談起，由於宴會的特性在於活動，所以各種活動的延伸就有宴會的身影。什麼樣的活動，須定義其需求，例如會議，其需求可能是上下午的茶點（Tea Time）或下午茶（Coffee Break），以及午餐甚至晚餐的需求。其餐點形式可以是中式也可以式西式，甚或客人要求馬來式或泰式餐點，只要廚房能夠做得出來，也未嘗不可！

此外，宴會是個案式的（Case by Case），所以，一切皆以客人的需求爲依歸，譬如口味的呈現、裝飾的取捨、食材的禁忌等，都不能違背客人的意願。尤其食材的禁忌，牽涉到客人的信仰甚至身體狀況（如過敏），不可不愼！

三、婚宴的菜單設計

1.宴會的重要主角

婚宴是宴會廳最重要的營收來源，一年之中大部分的月份裡都有許多好日子適合婚宴，這些記載在農民曆中，稱之爲「宜嫁娶」的日子，便是客滿的大日子，有些場地一年前便預訂一空了。臺北某些知名大飯店的婚宴價格，一桌的價位已經要價30,000元以上了（新新娘，2014）。之所以婚宴價格能夠不斷創新高，在於國人經濟上的富裕，以及對於面子的愛好。由此，現代的婚宴化繁爲簡，餐飲業講究同中求異、求新求變的婚宴形式應運而生。顧客的潛在需求，也在婚宴籌備中慢慢呈現出來（陳郁翔、蔡淳伊，2006）。

然則，一場婚宴，顧客到底重視什麼呢？以現代多數由新人決定的情況下，看新人選擇在哪個場地辦理婚宴，便可知道。喜宴菜單的設計有一定的傳統架構，如湯圓、全雞、全魚、油飯、甜點、水果等，這些具有象徵意涵與不可或缺的菜色，已將菜單做了潛在規範。由此，或許可以說：「辦桌」著重菜餚，10,000元左右的餐廳重實際，20,000元以上的飯店則是重氣派，至於30,000元以上的宴席，則該是面子與裡子兼顧了。

2.終身大事的完美句點

一場成功的婚宴，等於是一個終身大事的完美句點，因爲籌備多時，一切的努力，都是想藉由一場精心策畫的婚宴，眾親朋好友的參與與見證，來展現最佳結果。它像是一個宣告儀式，藉由眾人的祝福，完成終身大事。身爲主人，必然想用最好的料理來招待所有賓客，用最眞誠的心意，來感謝父母與眾親友。

3.婚禮與傳統與禮俗

結婚是終身大事，有人早，有人晚，不管有錢沒錢，總是要好好規劃一場婚宴。老一輩的人多由媒人介紹、相親之後而結婚；若時間再往前推一百年，可能僅憑父母之命、媒妁之言就完成終身大事。現代人觀念已開放，不再由父母主導婚姻之事，而是讓年輕人自由戀愛，再步上紅毯的那一端。雖然相識相戀是兩個人的事，但是結婚這件事卻無法自外於兩個家族；畢竟婚姻之事攸關承先啓後、傳宗接代、家庭倫理與香火延續。或許有人對此不以爲然，說這是八股，認爲只要年輕人兩情相悅，自組家庭即可，不必在乎別人的眼光。這種看法在目前雖有逐漸被接受的趨勢，而且也有越來越多的婚宴是由年輕人一手主導及做決定；但是在宴客方面，仍然會考量到兩個家族的長輩與賓客。因爲，親友們的接納與祝賀，是幸福的象徵；而中國人獨特的禮俗文化「紅包」，卻是讓新人能夠輕易舉行婚宴的關鍵。

由於喜宴仍然承載著兩個家庭之期待與重視，造就婚宴市場依然熱鬧興旺。國人宴客動輒二三十桌，五十桌以上乃至上百桌者，所在多有。近年來，都會區的婚宴，已逐漸被飯店的宴會廳及大型餐廳或婚宴廣場所包辦；外燴「辦桌」的宴席，因為形象與衛生條件等因素，已不若往昔之榮景。

4.主題婚宴之設計

早期農村社會的婚宴多以外燴「辦桌」流水席方式居多，在餐廳辦理喜宴的僅少數達官顯貴。因此，形式風格上充滿濃厚的鄉土氣息——在自家的三合院裡搭起了篷帳，到處張燈結彩，喜氣洋洋，全家瀰漫在「娶新婦」的喜悅中。窮困的年代裡，是老少咸宜「打牙祭」的好機會。但隨著經濟起飛，人口漸漸地往都會區聚集，國人越來越有錢之後，婚禮宴席也逐漸改變。

現代的父母親已不再堅持要按照傳統婚禮進行，年輕人有自己的想法，喜歡擁有自我風格與選擇的權利。有故事性的、獨特性的、量身訂做打造的婚宴，必將成為未來的趨勢（張金印，2010）。

婚宴業者找出顧客的需求，替新人量身訂製，希望為他們製造一個難忘的婚宴。例如：新人出場秀、出菜秀、觀禮儀式、收禮桌與婚紗照的布置、倒香檳儀式、切結婚蛋糕儀式、第二次入場、送客儀式……甚至貼心的紀念小禮品等等；無非希望能做出市場區隔及差異性，在婚宴市場上取得有利位置，創造更大營收。

另一方面，宴會場地的獨特性，也是現在新人目光投注的焦點；譬如說主題婚禮：中世紀城堡婚禮，不正是從小讀著王子與公主童話故事長大的新人的夢想？

圖9-2　歐式城堡主題婚禮

5.婚禮企劃師／婚禮顧問

近年來婚企（婚顧）業越來越有市場性，會被新人接受的原因，在於方便性。因爲舉辦一場婚禮，除了宴席本身之外，喜餅、金飾信物、婚紗禮服&照相、喜帖、禮品、會場布置、樂團演奏……乃至蜜月旅行，若再把文定儀式、基督教婚禮（牧師與教堂）等考量進來的話，可以發現婚宴產業是一個商機龐大的市場。因著網路的發展，資訊傳遞無所不在，已徹底改變了世界，成爲地球村。每對新人都有自己的想法，喜歡的形式也不一樣，從小到大所接觸與參與的喜宴無數，再加上身處資訊時代，隨時可與世界同步，所以對結婚這件事，必然有更多構思與要求。

因著看到這種需求，近年來國內已有業者引進在國外行之有年的「婚禮顧問」模式（Wedding Planner）。由於國情不同，婚禮顧問在國內剛開始時並不普及，僅少數人接受這種額外付費的觀念，請其幫忙張羅婚禮大小事的模式。但是，經過這幾年的推廣，已慢慢有些進展，再加上婚宴市場的高度競爭，有些大型婚宴會館，已將「婚禮顧問」（多數使用「婚禮企劃」這個名稱）放入新式婚宴專案之中。也就是由宴會廳的訂席部門提供婚企的功能，可能是宴會廳自己的婚企專員，也可能是委外的婚企人員。

圖9-3　婚禮企劃師

B-story-9

consommé

「美味是需要等待的」，這句話在一週內由兩個人說出。

Betty有一天下班後，到點心房去找Tony（點心房副主廚）談客人要求訂一百個農夫麵包的事。Tony剛好在做法國魔杖Baguette，這是Betty 非常喜歡的麵包，平實簡單，外脆內軟，充滿麥香，越嚼越有勁，而KK飯店的魔杖又特別好吃。她說完事情後，與Tony聊起麵包，仔細地詢問他法國魔杖好吃的秘訣。

Tony說：「法國魔杖第一需要法國爐，可以讓麵團直接在石板上烘烤，並且藉由蒸氣讓麵團表面結成脆皮，第二是麵粉，要使用法國麵包專用麵粉，它能提供麵包特有的麥香味道，第三是老麵，使用老麵的酸，長時間發酵，讓麵團在發酵與烘烤的過程產生較大的氣室。所以，美味是需要等待的！」

剛好隔天也是快下班時，她到西廚Main Kitchen找Newman，向他反映海鮮蛤蠣濃湯的料太多，可以少一點。Newman是大廚房負責做湯的師傅，Bus stop有供應二款湯品，可以微波加熱。Newman 剛好在做consommé（一種西餐經典的牛肉清湯），要給牛排館用的。因著Betty的詢問，他就特別詳細介紹牛肉清湯的製作過程。他說：consommé是黃金之湯，需用牛絞肉、蔬菜丁、香料束、烤過的洋蔥、蛋白、牛骨高湯（冷）混合均勻，在鍋內加熱至鍋邊微滾，用小火繼續鍋邊微滾3小時，將高湯濃縮至一半，再用細紗布過濾、撈油後即完成。這種湯講求細火慢燉，才能成就一鍋的精華，喝上一碗，會讓人感到充滿精力。

當這鍋湯終於完成時，Newman舀了一碗給Betty品嘗。當她喝的時候，感到濃郁的牛肉香氣瀰漫在整個口腔，扎實又有生命力的液體，充滿了她的全身，真是不可思議的感動。

最後，Newman說了：「美味是值得等待的。」

幾天後Betty還是念念不忘consommé的味道，什麼時候可以再喝到呢？她心裡嘀咕著……

學習評量

1.請列舉宴會的種類有哪些。

2.請說明宴會的特性。

3.請說明宴會的人力資源管理應從哪幾部分著手。

4.宴會菜單的設計應注意事項有哪些？

5.何謂OPEN BAR？

6.請問婚宴的菜單設計須注意什麼？

7.請就你的觀點說明「紅包」在中國人喜宴的意義。

8.請說明「婚禮企劃師」wedding planer的功能。

9.請為你自己規劃一場「主題式婚禮」。

第十章
飲料單及酒單設計

一、飲料的範疇

飲料的範疇既寬且廣，幾乎所有能喝的東西，都可以入到飲料當中，爲了將飲料做有系統的整理，茲將飲料做如下的定義：餐飲有兩大主軸，一爲餐點或餐食（Food），一爲飲料（Beverage）；兩者合成餐飲（Food & Beverage），簡稱「F&B」。飲料是指可以喝的東西。飲料單英文稱爲Beverage List。

1.無酒精飲料Non-Alcoholic Beverage

餐廳販售的飲料，大致可分爲兩大類：一爲現成的飲料，一爲自行調配的飲料。按飲用溫度，可分爲：

⑴熱飲（Hot Drinks）

⑵冷飲（Cold Drinks）

傳統上無酒精飲料可分爲果汁飲料類、碳酸飲料類、乳品飲料類及含咖啡因飲料類等四種，但是，在現代「水」也成爲可以販售的飲料，以礦泉水爲代表。而其中含咖啡因飲料，以咖啡及茶最具代表性。餐飲服務中，附餐或是佐餐的飲料，中式餐飲以茶爲代表，西式餐飲則以咖啡或茶使用量最多。

2.咖啡飲品

⑴咖啡類飲料因其調製手法不同，大致可再細分爲手沖過濾式咖啡、虹吸式（塞風）咖啡及義式咖啡、美式咖啡等最爲大眾熟知。其他，如土耳其咖啡、越南咖啡、法式咖啡、摩卡壺、比利時式等，則較爲特定地區流行與小眾市場。

⑵咖啡豆的使用因其做法的差異，又可細分爲單品咖啡與混合咖啡。此外，也會因其調製手法的不同，對咖啡豆有粗細不同的研磨程度。

咖啡飲品在餐飲服務中，幾乎都是使用在西式餐廳內。中低價位的西餐廳所提供的咖啡，因爲是附餐用，多數是美式咖啡，現在越來越多使用機器研磨咖啡。高價位的餐廳則會提供義式咖啡，如卡布奇諾、拿鐵等，其所使用的豆子，大都是商業用綜合豆。

此外，臺灣的咖啡市場近十幾年來蓬勃發展，早年從虹吸式（Syphon塞風）咖啡、較具日式風格的咖啡廳，慢慢走向義式的咖啡館，最近又慢慢移向精品咖啡的世界（吳武忠、鄭秀香，2002）。

圖10-1　咖啡組合圖

3.茶之飲品

一般茶的分類，大致可分下列幾種：

(1)不發酵茶：即是「綠茶」，如龍井、碧螺春等。

(2)半發酵茶：即常見的烏龍茶、包種茶、東方美人茶、水仙、鐵觀音等。

(3)全發酵茶：是指紅茶。

(4)後發酵茶：是指普洱茶。

中餐廳所用的茶品，由於多數爲免費提供，大都是較便宜的烏龍、鐵觀音、包種，或是普洱茶、普菊。即使是港式茶樓使用，有收茶資，品質也較爲普通。若是茶館，由於茶是主角，其所使用的茶，品質自然較佳。西餐廳所使用的茶，多數是附餐用的茶包（紅茶／綠茶），成本更低。較高級的餐廳，現在也會使用一些花草茶或水果茶，變化相對就更多元了。

圖10-2　飲茶風格

4.有酒精飲料Alcoholic Beverage

酒的歷史源遠流長，它與人類生活發生關係，可能在七八千年前就開始了（鄭建瑋，2011）。由今天可考資料顯示，葡萄酒的歷史可以追朔到西元前六千前。由此可知，人類在有文字記載歷史之前，就已經有酒的出現。然這時的酒可能是偶然發生的，酵母菌在成熟的水果中發酵，產生酒的芬芳，引誘人們的歡愉。到人類知道開始釀造酒，甚至懂得蒸餾讓酒精度提升，應是較後面的事了。世界各地的人們，對酒情有獨鍾，依釀製的方法，可分釀造酒（Fermented Wine）、蒸餾酒（Distilled Wine）及再製酒（Liqueur）三種。

(1)釀造酒（Fermented Wine）：所有的酒都需要經過發酵釀造這

個過程，才能成爲酒。釀造酒的酒精濃度較蒸餾酒低，釀造酒有啤酒、葡萄酒、未蒸餾的水果酒、中國的黃酒系列、日本的清酒等。

(2)蒸餾酒（Distilled Wine）：蒸餾酒是將酒釀造之後，再加以蒸餾而成，依其原料大致可分爲：

①穀物烈酒：

A.威士忌（Whisky），在英國是由麥芽釀製，一般稱之爲「Scotch」；在美國是由玉蜀黍釀製，以「Bourbon」最爲知名。

B.伏特加（Vodka），在俄羅斯是以馬鈴薯釀製後蒸餾；在美國則以玉米加入麥釀造後蒸餾而成。

②甘蔗烈酒：是利用甘蔗製糖後剩下的糖蜜，經發酵後蒸餾而成，如蘭姆酒（Rum）。

③水果烈酒：以水果蒸餾而成的酒泛稱水果白蘭地（Brandy）。

A.葡萄烈酒，以葡萄酒蒸餾而成，稱爲Brandy、VO、VSOP、XO。

B.櫻桃酒（Kirsch）、法國蘋果酒白蘭地（Calvados）等。

④龍舌蘭酒（Tequila）：是墨西哥的特產龍舌蘭釀造蒸餾而成。

(3)再製酒：是將蒸餾酒加入如香草、堅果、水果、奶油、香料等材料，加工製成的酒類，又稱加味烈酒（Flavored Spirits），較爲人熟知的有：

①琴酒（Gin）：烈酒加杜松子。

②利口酒（Liqueur）：屬香甜酒，烈酒泡調味料加糖漿而成，例如薄荷酒、咖啡酒。

③苦酒（Bitter）：烈酒泡苦藥草而成。

(4)依飲用時間，可分爲餐前開胃酒、餐間酒及餐後酒三類。

(5)按照釀造酒的材料，可分爲黃酒、白酒、水果酒、啤酒及藥酒等五項品種（施蘊涵，2004）。

圖10-3　酒吧陳列酒架

二、飲料單的規劃設計

1.飲料單的種類

(1)搭配式飲料單

飲料單的設計是依其需求而來，根據不同類型的餐飲服務，而有所不同。例如一般餐廳或咖啡廳，其飲料單是搭配在菜單之中，前面是餐點菜單，後面是飲料單；而飲料的占比較小，以餐點居多。這類屬於純粹的無酒精飲料單，所提供的種類相對簡單，多半是餐後的飲品——咖啡、茶、花茶、調製飲品等。

另一種則有酒類提供，亦多以啤酒及餐廳指定紅白酒（House Wine）等，如果有烈酒，則品項亦不多。

圖10-4　搭配式飲料單

⑵葡萄酒系列酒單（Full Wine Menu）

葡萄酒單的內容分類通常有如下類別區分：

招牌酒（House Wine）、香檳（Champagne）、氣泡酒（Sparkling）、勃艮地（Burgundy）、玫瑰紅（Rose）、波爾多（Bordeaux）、義大利酒（Italy wine）、德國酒（German Wine）、加州酒（California Wine），及其他各國葡萄酒。在高級法式或義式料理餐廳，除了菜單之外，尚須準備一本酒單，這種酒單稱之爲「葡萄酒系列酒單」。

葡萄酒的種類大致可分爲四類，有香檳、紅葡萄酒、白葡萄酒及玫瑰紅等。香檳有法國傳統的香檳酒及其他國家的氣泡酒，白酒與紅酒則會依新舊世界或是國家做出選擇。所以，有些餐廳所提供的葡萄酒，品項高達百款以上，幾乎涵蓋各產區。厚厚一本酒單，代表這家餐廳有一個藏量豐富的酒庫。葡萄酒的價格差異性極大，從區區幾百元到幾萬元的一瓶酒，價差百倍以上，這說明葡萄酒是一個特殊的領域。尤其法國與義大利葡萄酒的規範複雜，有所謂AOC/DOCG法定產區、地方產區、酒莊、等級、葡萄品種、熟成方式等，因此，這類餐廳會有專門的侍酒師（Sommelier），替顧客選擇或建議葡萄酒來搭配餐點。侍酒師須具備葡萄酒之專業知識與技術，了解每一支他所要推介的葡萄酒，知道如何搭配食物，擁有開瓶、醒酒、換瓶與服務的技巧，才能替客人服務葡萄酒。有時一餐下來，葡萄酒的消費金額，往往會高於其他餐點的金額。

圖10-5　餐點與葡萄酒之搭配

酒款的選擇，顯示一家餐廳的格調與品味。葡萄酒的世界寬廣深遠，需要有豐富的知識與經驗，才能勝任。侍酒師除了向客人推薦與餐點搭配的酒，並提供侍酒服務之外，酒單的設計與葡萄酒庫的管理，也是侍酒師的重責大任。葡萄酒不同於一般酒類，它對於溫度、濕度、光線等有一定要求，香檳、白葡萄酒需要保存在約八至十度左右，玫瑰紅約十二度左右，紅葡萄酒則需要約十四至十六度左右。葡萄酒必須橫放，也需要恆溫恆濕，所以最理想的酒庫，就是量身訂製的恆溫酒櫃，分不同類別存放。

葡萄酒單範本：

Champagne

Wine	Price
Champagne - *Laurent-Perrier Brut (France)*	4200
Champagne - *Laurent-Perrier Cuvee (France)*	4000
Champagne - *Dom Perignon (France)*	7800
Champagne - *Cristalle Brut (France)*	6200

White Wine

Wine	Price
Canada - Ontario	
Riesling - *stoney ridge (niagara, ontario)*	1800
Riesling - *henry of pelham (jordan, ontario)*	2200
Australia & New Zealand	
Sauvignon Blanc - *Oyster Bay (Marlborough, New Zealand)*	1400
Chile	
Sauvignon blanc - *errazuriz (aconcagua valley, chile)*	1900
USA - California	
Chardonnay - *california square (russian river valley, california)*	1600
Chardonnay - *robert mondavi coastal (napa, california)*	1500
Germany	
Riesling - *funf 5 (off dry)*	1700
France	
Chardonnay - *roux pere and fils les murelles (bourgogne, france)*	2400
Gewurtraminer "reserve" - *beblenheim (alsace, france)*	2600
Chenin blanc - *donatien bahuaud les grands mortiers (loire, france)*	2200
Italy	
Pinot Grigio - *Santa Margherita (Trentino-Alto Adige, Italy)*	2100
Verdicchio - *Fazi Battaglia (Marche, Italy)*	2000
Chardonnay/Pinot Grigio - *Luna di Luna (Veneto, Italy)*	2500

Rose & Dessert Wines

Wine	Price
White Zinfandel - *Beringer (California)*	1650
Covey Run, Ice Wine Semillon 375ml -	2500
Moscato d'asti, Nivole "Michele Chiarlo" 375ml	1200
Brachetto d'aqui "Rosa Regale" 375ml	1200

Red Wine

Wine	Price
Argentina & Chile	
Malbec *"Reserve" - Maipe (Andes, Argentina)*	1900
Cabernet Sauvignon - *Cousino Macul Reserva (Maipo Valley, Chile)*	2300
Merlot - *rrazuriz (Aconcagua Valley, Chile)*	2100
Australia	
Shiraz Cabernet/Sauvignon - *Penfolds*	2000
Shiraz - *Wolf Blass Grey Label*	1950
Canada - Ontario	
Cabernet Franc - *Vineland (Beamsville,Ontario,*	2200
South Africa	
Syra/Shiraz - *Audacia (South Africa)*	1850
USA - California	
Cabernet Savignon - *Beringer Knights valley*	1600
Cabernet Savignon - *Cakebread Cellar Napa.*	1800
Merlot - *Sterling Vineyard (Napa Valley)*	2200
France - Burgundy/Beaujolais	
Gamay Noir - *Louis Jadot (Beaujolais, France)*	2800
Pinot Noir - *Saint-Saturnin de Vergy (Burgundy,*	3200
Pinot Noir - *Domaine Michel Groubard Mont*	3000
Spain	
Tempranillo *"Reserva" - Montecillo (Rioja, Spain)*	2000
France - Rhone	
Grenache/Syrah - *Chapoutier (Southern Rhone,*	1800
Grenache/Syrah - *– Croix Valong*	2200
France - Bordeaux	
Cabernet Sauvignon - *Cheateau Mouton Cadet*	2800
Cabernet Sauvignon - *Chateau de Ricaud des coutex*	3200
Cabernet Sauvignon - *Chateau Grand Corbin-Despagne*	3600
Italy - Tuscany	
Chianti *" Classico" - Podere*	2400
Merlot - *Castello di Bossi*	2200
Chianti *"Classico" - Castello di Spaltenna*	1700
Brunello di Montalcino - *Banfi*	3400
Brunello di Montalcino - *Fattoria dei Barbi*	3200
Chianti *"Classico Riserva" - Ruffino*	2600

圖10-6　葡萄酒單

(3)宴會酒單（Banquet/Function Menu）

由於宴會酒單的一次性特質，因此，宴會酒單的設計，多半是以摺頁菜單方式單搭配較厚的封套（Menu Folder），或者採用開放式菜單夾。前者可回收使用，後者則只用一次。

國內宴席上最常見的飲料，早年有紹興酒、啤酒、汽水和果汁等，現在則已被進口酒類取代，諸如：威士忌、白蘭地、葡萄酒等，曾經盛極一時的紹興酒，現在已不見蹤跡了。

純粹的宴會酒單，現在只會在酒會（Cocktail Party）上出現，純粹的菜單或有含酒類品項的宴會菜單，是大部分宴會使用的。宴會酒單的內容是根據顧客的需求而開立的，這必須看活動的性質而定。如若餐會在開放式酒吧，可能會提供碳酸飲料、果汁、啤酒、一二款葡萄酒、威士忌、白蘭地（大部分是飯店指定酒House Wine、House Liquor）等；也有可能再加上數款比較大眾化的雞尾酒，調酒師就必須做現場調製了！但不管怎樣，酒會使用的酒單內容，絕不可能像在酒吧一樣豐富。

宴會酒單一般不會有價格在上面，除非是由顧客自行付款的宴會酒吧，才會在酒單上秀出價格。由於國人比較重視面子，這種由客人自付的宴會酒吧在國內並不多見，但是在國外就較爲常見，這種方式稱之爲「COD」（cash on delivery）；客人可以像在酒吧裡一樣，點自己喜歡的飲品，並自行付錢消費。

(4)酒吧飲料單（Bar Menu）

酒吧提供各式各樣的飲料，從無酒精的飲料到酒精性飲料，幾乎全都包了；除此之外，酒吧還提供由專業調酒師（Bartender）現點現調製的「雞尾酒」（Cocktail）。雞尾酒是一種使用各種飲料混調的現場秀。調酒師，香港稱之爲「酒保」，是一種專業的工作，就像是咖啡廳的咖啡師（手）一般。顧客從酒單上點好飲料之後，調酒師則根據所點的飲品，做現場調製，再呈現給客人。

雞尾酒的產品名稱千奇百怪，絢麗繽紛；其酒譜配方多如繁星，有數萬種以上。各個地區國家也有其獨特的雞尾酒，不可能統統知道，而且調酒師也可以自行創造新的酒譜。目前國際上較為熟知的經典雞尾酒，諸如：亞力山大（Alexander）、威士忌沙瓦（Whisky Sour）、約翰可林（John Collins）、曼哈頓（Manhattan）、銹丁（Rusty Nail）、教父（God Father）、血腥瑪莉（Bloody Mary）、螺絲起子（Screwdriver）、白色俄羅斯（White Russian）、鹽狗（Salty Dog）、新加坡司令（Singapore Sling）、琴湯尼（Gin Tonic）、百萬富翁（Million Dollar）、阿拉斯加（Alaska）、紅粉佳人（Pink Lady）、椰林春光（Pina Colada）、邁泰（Mai Tai）、自由古巴（Cuba Libre）、藍色夏威夷（Blue Hawaii）、特吉拉日出（Tequila Sunrise）、紅磨坊（Moulin Rouge）、猛牛（Brave Bull）、綠色蚱蜢（Grasshopper）、金色的夢（Golden Dream）、長島冰茶（Long Island Ice Tea）等，眞是族繁不及備載呢！

圖10-7　各式基酒與香甜酒

圖10-8　雞尾酒單

三、客房服務飲料單（Room Service Beverage Menu）

客房服務是國際大飯店所提供的一項餐飲服務，客房內設置一本客房服務菜單（Room Service Menu），菜單內有餐點與飲料。客房服務是飯店餐飲部門的一個單位，依據房間數量多寡而編制服務人數。組織編制有主管與領班及電話接待員與服務生，電話接待員專門接聽客人打電話來訂餐，確認訂餐後，將點餐單分送各廚房。

客房服務的菜單設計需要考慮到顧客的屬性與需求，如果該飯店的房客以商務外國人士居多，而且中東人士是其主流，則須考慮伊斯蘭教或猶太教的飲食習慣，歐美人士可能對於內臟類或海參的食品敬謝不敏，有素食習慣的客人也須得到適當的照顧。

菜單餐點內容可能分散到飯店內各個廚房，例如有一部分中餐廳的菜色，一部分咖啡廳的餐點，一些牛排館的主餐，再加上點心房的精緻甜點……，飲料部分則由最近的酒吧提供；可以說客房服務菜單是飯店餐飲的縮影。以五星級飯店的客房服務菜單來說，其實是相當精彩豐富的。

客房服務的飲料單內容，大致上會較接近咖啡廳的飲料單，有咖啡、茶品、果汁、碳酸飲料、礦泉水等無酒精飲料，啤酒、烈酒、葡萄酒也盡量提供，但是雞尾酒則不予考慮，因為運送與時間上的問題，品質上較難以控制，易導致顧客抱怨。此外，客房服務的餐點要考慮到溫度的問題，所以，保溫櫃效果要佳，否則等餐點送到時已經冷掉了！

圖10-9　客房服務菜單

除了整本的菜單之外，為了更貼心地服務房客，許多飯店都會準備一種可以吊在門把上的早餐菜單（Doorknob Menu），客人只要勾選他所選的品項與指定供應的時間，並將卡片在指定的時間內，吊在門外的把手上即可。樓層房務員會將早餐吊卡收集之後，送給客房服務單位，以利進一步備餐。飯店提供的西式早餐一般可分為大陸式（Continental）及美式（American）兩種：大陸式是最簡單的早餐，一份麵包附奶油果醬、一杯果汁及一份咖啡或茶或牛奶，如此而已；美式早餐就是大陸式早餐再加上一份蛋及火腿（或是煎餅），稍稍豐富一些。

四、飲料單的成本與價格

1.飲料的成本

各項飲料之售價在制定之前，都需要有成本作為基礎，然後再考量其他相關因素來定出售價。飯店餐廳所提供的飲料種類繁多，大致可分成二類作為區分；

(1)現成飲料品項：直接可提供客人使用的飲品，例如除了雞尾酒之外的所有酒類，以及不須經過調製的軟性飲料，如碳酸飲料、礦泉水、乳品及某些果汁。

(2)調製飲料品項：有酒精性的雞尾酒及各項飲調，如咖啡、花果茶等。

可以直接服務客人的現成飲料，其進價就是該品項的成本，如：啤酒類、烈酒類、葡萄酒及軟性飲料等。

需要經過調製過程才能提供給客人的飲料，如：雞尾酒會在酒吧提供，由專業調酒師現場調製，軟性飲調則由咖啡手或飲調師在吧臺製作，其成本的計算，就必須要建立這些飲品的「標準配方表」，並經過成本分析計算，才能得到每一款飲品的標準成本。

酒類飲料的銷售通常以三種的方式呈現：分別是整瓶銷售、單杯銷售及混合銷售。軟性飲料（無酒精性飲料）則分二種方式呈現：即整瓶銷售與混合銷售，分別說明如下：

(1)整瓶銷售：可做整瓶銷售的有啤酒、葡萄酒類、烈酒類、軟性飲料與礦泉水。

(2)單杯銷售：飯店指定葡萄酒、烈酒類等。

(3)混合銷售：雞尾酒與各式飲調。

啤酒、葡萄酒類與軟性飲料，通常以整瓶銷售的方式推薦給客人，這牽涉到開瓶之後的保存狀況；以上這些飲料無法長時間保存，所以整瓶銷售最爲合理。葡萄酒除了飯店指定酒外，也不適合單杯零售，因爲你不知道什麼時候客人會再點同一支酒。整瓶銷售的飲料，定價是以其每瓶進貨價格除以成本率而得，可以下列公式表示：

整瓶飲料售價 = 每瓶進貨價格 / 成本率

例如：海尼根啤酒330ml每瓶售價爲$120 = $42/35%

飯店指定紅酒C.S.每瓶售價爲$960 = $260/26.5%

Evian礦泉水每瓶售價爲$90 = $22/24%

整瓶飲料銷售之定價須考慮到：

(1)飯店與高級餐廳整瓶飲料的價格，可以定得略高一些，一般餐廳則不適合定價太高。

(2)整瓶銷售方式在定價時，成本率不宜太低，以免售價過高，尤其是一般較平價的酒吧或餐廳。

五、酒單與菜單結合

傳統搭配葡萄酒的方式有以下幾點：

1. 白酒最好是搭配白肉（雞肉、豬肉、小牛肉）、海鮮、魚類。
2. 紅酒最好是搭配紅肉（牛肉、羊肉、鴨肉、野味）。
3. 食物的味道若是強勁猛烈，酒的味道亦復如是。
4. Champagne可以搭配任何食物。
5. Port和紅葡萄酒適合搭配乳酪使用。
6. 搭配甜點和新鮮水果的酒質不可過酸。
7. 食用某地區的食物，就該搭配該地區所生產的酒類。
8. 葡萄酒不可和熱湯、沙拉、巧克力甜點或咖哩搭配食用。

9. 搭配食物飲用的甜酒不可過甜。

現代的餐飲搭配方式主要的看法爲以下兩點：

1. 有的紅葡萄酒可以與魚蝦等白肉相搭配。
2. 有的白葡萄酒可以和紅肉互相搭配。

其他的餐飲搭配建議：

1. 如果某道菜在烹調過程中曾加入某種葡萄酒，佐餐時就該搭配相同種類的酒。

六、飲料單（Beverage List）

一份完整的飲料單，大致可區分爲下列幾類：

1. 開胃酒（Aperitif）
2. 琴酒（Gin）
3. 波特酒（Port）
4. 雪莉酒（Sherry）
5. 伏特加（Vodka）
6. 龍舌蘭（Tequila）
7. 威士忌（Whisky）
8. 白蘭地（Brandy）；可再細分爲干邑（Cognac）及亞瑪邑（Armagnac）。
9. 甜酒（Liqueur）
10. 啤酒（Beer）
11. 雞尾酒（Cocktail）
12. 果汁（Fruit Juices）
13. 礦泉水（Mineral Water）

聖誕禮籃

每年到了聖誕節前一個月，許多飯店就會推出「聖誕禮籃」；再往前一個月，則是火雞外賣的活動。今年飯店決定「聖誕禮籃」要在咖啡廳及Bus stop推出，這回任務由餐飲部專員Robin負責，形式與內容延續去年的路線。此外，去年賣得不錯的薑餅屋，今年將擴大促銷，決定在飯店大廳聖誕樹旁邊蓋一間大型的薑餅屋，薑餅屋的預購就在Bus stop。

通常一個聖誕禮籃會有葡萄酒、薑餅、聖誕麵包、聖誕蛋糕、巧克力等及其他適合久存的品項。這種聖誕禮籃是外國人到親戚朋友家作客時的伴手禮，收到禮籃代表得到一種祝福，主人家會很開心。KK大飯店今年也決定推出二款聖誕禮籃，Super Deluxe & Deluxe，規格如下：

1. Deluxe Hamper：NT$4280 豪華提籃

內容組合：飯店指定紅葡萄酒瓶、薑餅、聖誕麵包、聖誕蛋糕、巧克力、火腿、茶葉、肉鬆、肉乾、果醬。

2. Super Deluxe Hamper：NT$5880 雙開豪華提籃

內容組合：法國紅葡萄酒一瓶、德國白葡萄酒一瓶、薑餅、火腿、進口茶葉、起士、肉乾、第戎芥末、聖誕麵包、聖誕蛋糕、巧克力。

大廳的巨型薑餅屋終於完成，與旁邊的大型聖誕樹形成吸睛的焦點，尤其是小朋友熱衷於在薑餅屋鑽進鑽出，瀰漫在大廳的聖誕音樂，將聖誕節氣氛營造起來。美工部協助設計聖誕禮籃與薑餅屋的促銷預購海報，搭配著聖誕氛圍，吸引無數的客人前來預訂薑餅屋與禮籃。在12月中時，Betty他們已經賣出一百個Deluxe及一百二十個Super Dexluxe聖誕禮籃，成績是去年二倍；薑餅屋也是大賣，Tony向協理報告：「不能再接了，因為手上的訂單必須做到聖誕節前三天才趕得出來。」

學習評量

1. 請說明飲料在餐飲業中有何特性。
2. 請說明飲料的分類。
3. 請問有酒精飲料可分為哪幾種？
4. 專業侍酒師（Sommelier）的功能為何？
5. 葡萄酒的保存條件有哪些？
6. 請解釋何為COD。
7. 酒單與菜單應該如何搭配？
8. 請列舉十種調酒（雞尾酒）名稱。
9. 飲料單可分為哪幾種？

第十一章

國宴菜單設計

一、國宴的演進

1.古代的國宴

根據考證，唐代的「聞喜宴」是爲新科進士舉行的國宴；宋代的「春秋大宴」、「飲福大宴」也是國宴；元代的國宴——「詐馬宴」通常舉行三天以上；明代永樂年間在立春、元宵、四月八、端午、重陽、臘八日，都在奉天門賜百官宴，這也是國宴；到了清代，國宴名目更多，依其目的不同而有「定鼎宴」、「元日宴」、「冬至宴」、「凱旋宴」、「千秋宴」等等，規模最大者多至三千餘人。

鹿鳴宴、聞喜宴、瓊林宴皆爲歷代科舉制度的慶典，然而各朝代名稱不同，做法不完全一致。科舉制度雖然始於隋代，鹿鳴宴唐代才有。

2.現代的國宴

現代國與國之間人民往返頻仍，可能因爲商務活動，也可能是因爲旅遊。邦交國之間的行政官員互訪拜會，參觀考察，更是家常便飯。而國與國之間的元首拜訪行程，則是外交活動中最重要的指標。一國元首來訪，代表幾個意義：邦交是否穩定？是否有重大合作案議題？是否有重大採購或是援助？或是其他具宣示性的意義。

當然，元首來訪，必須隆重接待以示尊崇，一切作爲須符合國際禮儀及國際慣例，期間的歡迎餐會、酒會更是活動中的另一個重點。元首級的正式餐會一般稱之爲「國宴」，藉由國宴可以展現一國的招待熱忱，也可顯示國家的飲食文化與水準。想要招待另一國家的元首，必須注意到他個人的飲食需求或是禁忌，以及這個國家的飲食文化：什麼可以吃，什麼不能吃。此外，也要考慮到不可使用到國際保育類的動物作爲食材。

國宴的菜單，一般在行程出發前就必須定案了，否則臨時的更動，必然會造成莫大的困擾。雙方外交單位會互相討論菜單的設計，接待的外交部門會根據首長的意思提出宴客的主題，交由承辦單位去設計菜單。承辦單位通常會找國內知名飯店來承接，承辦飯店的主廚與餐飲部門主管，經過研究之後擬出菜單草稿，呈給外交單位，雙方交過一番討論，定稿後可能還需要舉行試吃，再決定菜單確定版。這個菜單通常也需要來訪的一方可以接受，雙方仍要經過溝通。

2000年陳水扁當選總統，其就職酒會宴請各國元首與使節團，宴會的主題是以臺灣各地特色料理，呈現一種樸質與親民的風格。國宴菜單的演變，正反映出臺灣餐飲在不同的政權時期，所呈現的政治經濟與文化的意涵（卓文倩，2005）。其後，2003年瓜地馬拉總統波狄優來訪，陳水扁總統於臺北縣府大樓舉行國宴款待，由臺北凱撒大飯店負責，主題設計仍然以臺灣各地特色食材，以中菜西吃的套餐方式呈現臺灣的道地美食，其菜單設計如下：

⑴金山鴨肉佐三芝美人腿

⑵萬巒豬腳搭石門小肉粽

⑶清蒸龍膽石斑與虱目魚雙舞

⑷澎湖活龍蝦海鮮清湯

⑸烏來竹筒飯佐宜蘭糕渣

⑹白河蓮子甜湯

⑺焦糖金山地瓜及大甲芋頭

⑻寶島珍果盤

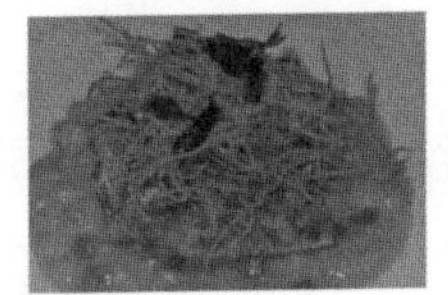

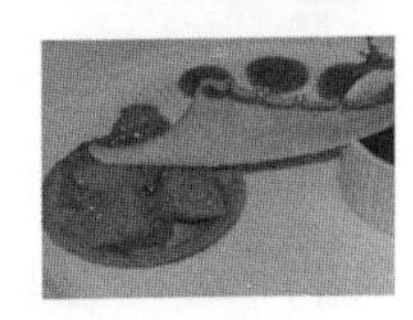
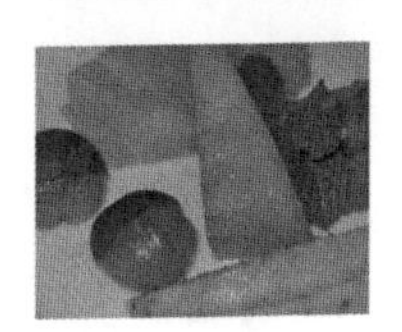

圖11-1　2000年陳水扁總統就職國宴料理

然則，考量到國情的差異性與國際禮儀，國宴菜單不一定只是呈現自家引以爲傲的菜色料理。日本皇室在接待外國元首時，有時會以法式料理宴客。根據中央社（2015）報導，「宮中晚餐會」是天皇招待訪日的他國領導人、國王等舉行的宴會。負責晚餐會的宮內廳表示，法國料理是基本菜單，世界各地都廣泛接受，明治時期日本也學習並接受這種餐飲文化，直到現在仍承襲這個慣例。負責料理的宮內廳大膳課，平時也負責爲皇室準備餐點，2014年歡迎美國總統歐巴馬的晚宴中提供了法式清湯、洋酒蒸真鯛、餐後甜點等。宮中晚餐會飲用的酒類，一定會有香檳，其他還有日本酒和葡萄酒。

二、國宴的目的

國宴是國家領導人（元首）進行國是訪問，或是參加國際高峰會議，或是慶賀總統就職典禮的重要節目，這牽涉到國與國之間，或許多國之間的互動。地主國爲了要展現泱泱大國風範，國宴的舉行絲毫馬虎不得，必須盡力做到最完美。總的來說，舉辦國宴的目的有下列幾點：

1. 國際外交的禮儀

「有朋自遠方來，不亦樂乎？」我國自古以來就教導人民要好好款待友人，就如同各國民間的交流親睦一般，更何況國家元首的訪問與互動！

2. 國際延伸的舞臺

國宴是一個國際場合，可以相互觀摩學習，它也是延伸向國際的一個舞臺，不管是主事者、參與者、工作人員，都可以藉由國宴開拓視野，互相合作交流，爲自己留下美好的印記。

3. 文化交流的意涵

不同地域，不同的人種，不同的語言文化、風俗習慣，彼此在同一個場合，爲了國家的邦交、民間的友誼而相互擁抱、問候，一起吃喝，互相慶賀。文化的差異在這裡全消失了。

4.軟實力的展現

飲食文化是一個國家的軟實力，這需要長時間的浸潤培養，才能將飲食提升到一個境地。最近日本將他們的傳統料理「和食」申請世界遺產獲得成功，這也代表了一個國家的文化實力得到認可。因此，舉辦國宴也是讓國內的廚藝能夠走向國際舞臺，並且藉由國宴的歷練，更能塑造出國宴級的大師。

三、國宴的注意事項

1.文化信仰的飲食要素

不同的國度有不同的文化與信仰，宗教有可能是一樣的，因爲宗教是跨越國家與種族的。但是，一個宗教傳到一個地方之後，經過時間的演變，有可能改變了原先的風貌，甚至會演繹成不同的教派出來，其中的精神也會有所差異。就以基督教而言，目前世界上不同的教派多達數百種；其他的宗教也有著相同的情況。

有一句話說：「禮失而求諸野。」中國人移民到世界各地，但是仍然保存著舊有的風俗習慣與禮儀，原來的地方反而失去或不重視，這些舊有的傳統習俗，於是這些傳統的禮俗，反倒要向其他地方尋找了。

人們會因著信仰與傳統文化而有飲食上的限制，有些地方不吃豬肉或牛肉，有人吃素，有人吃齋。猶太教信徒不吃沒有魚鱗的魚、有殼的貝類、豬肉等，佛教徒不吃所有動物，連蒜、蔥、韭菜都認爲是葷的蔬菜，不可食用。籌辦一場國宴需要相當謹慎，除了解來賓的身分地位之外，也要注意到文化信仰、飲食上的需求與規範，如此才能避免不當與尷尬的情況發生。因爲，與飲食相關的生產技術、思想觀念、行爲活動和歷史紀錄皆是飲食文化的一環（黃啓智，2004）。

2.食材的取得

食材必須新鮮與衛生，不能使用有疑慮的貨源。此外，尚須考量到食材之間的搭配性，有其協調感，盡量不使用味道太強烈的食材，當然也不可使用保育類的動物或植物。此外，也要避免有爭議的題材，例如某些國家會食用猴腦、狗肉、蛇肉等。但是，宴請外國元首，所有食材是要以可被所有與會嘉賓接受爲原則。另外，如果有宴請猶太教徒，甚至其某些食材都必須要經專門的廚師以一定的祭禮屠宰處理，他們才可以享用，其食材甚至要請他們協助才能取得，這點要特別注意。

3.安全與衛生

國宴代表一個國家的顏面，絲毫疏失不得，因此，整個餐會的安全與衛生，務必特別重視。安全有環境的安全、人員的安全、食品的安全等，每一個環節務須做好檢查，確保安全無虞。衛生則指餐飲與服務；當天所有的餐點飲料，都是在最高標準的檢查下完成，而人員本身的清潔與工作習慣，一樣受到重視，例如頭髮必須處理整潔乾淨，不能有髮絲掉入餐點之中。說話口沫亦須注意。

4.國家名譽

國宴都是在自家地方舉行，這代表國家的名譽，如果出了差池，則國家顏面受損，因此，每個細節都必須考慮，全力以赴，力求完美。

資料來源：//cn.chinadaily.com.cn/

圖11-2　白金漢宮國宴場地

四、國宴參與人員的素養

1. 國際禮儀的素養

國宴是屬於國際間的交流活動，元首、官員代表、企業領袖都會應邀參與盛會。不同的人民、語言、信仰、文化交匯其間，與會的人員本身就必須具備良好的國際禮儀，正式的禮服穿著、適當的言詞、進對應退的態度、用餐該有的禮貌，這些在在顯示出一個人的素養。所以，國際禮儀就要平時學習與練習，才能得到國際友人的尊敬。另外，服務人員也需要受過正確的禮儀訓練，並且加強服務的操作流程，正確有禮地做好餐飲服務，相信必能博得與會嘉賓的讚賞。

2. 餐飲服務的專業素養

餐飲服務是餐飲水平的表徵，一個訓練有素的服務團隊，可以將優質的餐點提升到相對高點。服務是一種進對應退的態度，在什麼時間該做什麼？如何做？使用什麼語言，相同於在高級餐廳的水準。由於菜單已經設計好，故而能對菜單內容做仔細的勤前教育，讓所有服務人員了解菜單的順序與內容，及其使用的器皿餐具。服務方式採用餐點左上右下，飲料右上右上，上菜順序由第幾位客人先上，或依序順時鐘，或是女士優先等，這都須事先規定清楚。此外，主桌應有特別挑選過的優秀服務人員擔任，外形儀容與談吐語言能力，都是需要考量的。

此外，餐桌擺設也是需要有嚴格標準，每一套餐具的擺設方式，因應菜單而準備，甚至連每一套餐具間的距離，都要用尺來量，務求整齊劃一。餐具必須擦拭再擦拭，金屬類的餐具要能閃閃發亮。服務是一場表演，舞臺燈光、音響已就緒，上場吧！

3. 餐飲管理的素養

餐飲管理是一門跨界溝通藝術，就像一個導演，將許多不同領域的人集合在一起，諸多才能與專長彼此結合，不同分工但卻在一起工作，共同完成一幕幕的演出。「臺上一分鐘，臺下十年功。」承辦國宴的經理人，都會找餐飲管理經驗豐富的人擔任，他能夠注意到每一個細節，不同單位間的合作環節、服務人員的教育訓練、流程的掌控、現場氣氛的搭配等，讓國宴進行順暢完美。

4.菜單規劃設計的能力

基本上國宴雖不至於奢華，但是屬於高規格的宴客形式，內容不能太寒酸或簡略，也不須使用最頂級的食材，最主要是能讓賓客感受到主人的心意。國宴的基本精神應該如同家宴：熱誠地招待前來拜訪的貴客，將家裡最好的食物料理拿出來，以饗嘉賓。因此，辦理國宴也是本著這種精神，將國內最好的食材與菜色，聘請最棒的廚師來料理，用以款待貴賓。另外，酒類的搭配也要有良好設計，什麼樣的酒搭配什麼樣的料理，須做通盤考量。

國宴的菜單設計須根據當時的情況，如時令季節及國際一般的觀念。例如：日本人喜歡吃鯨魚肉，可是現今國際上對於鯨魚是定位爲「保育類動物」，用鯨魚肉宴客將有違國際輿情。此外，必須明瞭接受邀宴的國家的政經社會背景、宗教信仰及飲食規範、主賓（元首）的個人健康及飲食狀況，以及與他一同赴宴的部屬或社會賢達等的共同情況。飲食本身是一種文化，雖然我們要盡其所能來招待我們的嘉賓，但是符合對方的飲食規範或文化，才是眞正待客之道。

5.活動企劃與管理

國宴是一場活動，人、時、地、事、物必須面面俱到，但是國宴的企劃相對複雜，因爲還需要考慮到國家的尊嚴與元首的維安。在正式進行餐點製備之前，可能還需要對會場及廚房備膳室做全面檢查與管制，人員進出都需要有正式通行證。茲引述總統府對於國宴活動的說明：

國宴的程序一般是：飯前酒、宴前晉見、國宴宴會。受邀賓客大約在三十分鐘前到達會場，可與其他賓客寒暄問候，使用飯前酒。這時，兩國元首在會客室會晤。宴前十分鐘，禮賓官員引導所有受邀賓客依照身分循序晉見兩國元首，以唱名的方式將受邀賓客介紹給兩國元首認識。隨後，當全體與宴賓客入座後，兩國元首在〈總統進行曲〉樂聲中步入國宴會場。

兩國元首就定位，國宴開始前，先演奏友邦國家國歌，表示崇敬與歡迎；宴會開始，與宴賓主一面享用佳餚、相互交談，一面欣賞優美的管弦樂曲。宴會間適時安排兩國元首相互贈勳、致詞、舉杯互祝等，當菜餚餐點都上完，司儀會適時報請兩國元首與全體賓客一同肅立，樂團演奏我國國歌之後，宴會告一段落。

最後，兩國元首在〈總統進行曲〉樂聲中步出國宴會場，總統陪送友邦元首至會場門口握別（中華民國總統府官方網站，2014）。

資料來源：http://www.president.gov.tw

圖11-3　中華民國總統暨夫人以國宴款待史瓦濟蘭王國恩史瓦帝三世國王暨王妃（104.5.20）

資料來源：http://www.president.gov.tw

圖11-4　總統以國宴款待帛琉共和國總統陶瑞賓閣下（98.2.23）

資料來源：http://www.president.gov.tw

圖11-5　總統以國宴款待中華民國100年國慶訪華各國貴賓

五、國宴菜單的範例

附錄中華民國近年國宴菜單。

1. 中華民國總統暨夫人歡宴越南共和國暨夫人閣下菜單

（梅花宴）民國51年4月

梅花拼盤

竹笙清湯 咖哩餃子

原盅排翅

叉燒火腿

黃燜嫩雞

花菇菜心

揚州炒飯

棗泥鍋餅 八寶甜飯

杏仁茶

各色鮮果

清茶咖啡

2. 中華民國副總統歡宴馬來西亞副元首拉若敦阿玆蘭夏殿下

蔣經國（玉香宴）民國73年7月24日

美味特拼

通天排翅

水晶龍蝦

玉香牛腩

雙菇菜心

富貴童雞

清蒸鱸魚

干貝竹笙湯

素什燒賣

雙泥酥盒

核桃奶酪

什錦水果

果汁 茶和咖啡

3.中華民國第八任總統副總統就職國宴李登輝、李元簇

（御品宴）民國79年5月20日

錦繡冷盤

素什小包

一品排翅

翡翠蝦球

玫瑰黃魚

左宗棠雞

干貝芽白

原汁牛肉

鮮嫩豆苗

精緻美點

什錦水果

4.中華民國第十任總統副總統就職國宴陳水扁、呂秀蓮

（四季宴）民國89年5月20日

玫鮭白玉

虱目丸湯

臺南碗粿

龍騰珠海

煙燻龍鱈

烤羊小排

芋薯鬆糕

三元甜粥

寶島鮮果

清茶或咖啡

B-story-11

市場調查

Betty不曾做過市場調查。

大學製作專題曾經做過問卷統計，其中受訪者基本資料，包括人口數、性別、職業、收入、學歷、信仰、年齡等，這些統稱人口統計變數。然而，市場調查的目的才是最重要的考量。

餐飲部協理之前丟了一個任務給Betty，要她去做飯店烘焙坊的市調。其實，在Betty問過之後，Joe給她的指示，是蒐集臺北區的各大飯店所設置的烘焙坊，各家所販售的品項與水準、價位及生意量

如何，內容相對簡單。這個任務不單單由Betty負責，還有點心房，高師傅指派Tony參與。於是，這兩人又有機會一起出任務了，他們可將所購買的烘焙產品，作為市調採買核銷。

他們列出臺北飯店有開設烘焙坊的清單，製作了一張表格，內容包括：

飯店名稱、烘焙坊名稱、產品類別、麵包類品項、蛋糕點心類品項、輕食類品項、飲料類品項、平均價格、預估客數、產品試吃紀錄、備註等。他們的做法是一一前去當神秘客，預計每一家去三次，每次時間都不同，每次都購買不同的糕點，並且拍照做紀錄。他們利用下班時間及休假去做市調，總共花了將近兩個月時間，終於完成每家三次採買的工作。每一次行動約去一至三家，挑選購買產品，估算來客數，照相，做成紀錄；這樣有系統地一一記錄著KK的競爭對手。

在執行烘焙坊市調的過程中，他們也越能感受到臺灣烘焙業的高水準，已經與世界同步了！尤其自從吳寶春旋風出現之後，歐式麵包受到空前的喜愛，一個麵包賣到400元的天價，尚且供不應求。國人的消費實力與對於高檔明星產品的接受度，從此步上一個高峰。

Betty將彙整好的市調報告呈給Joe看，Joe看到他們的積極與成長，也欣慰餐飲人才的養成又進了一步。

「非常好！」Joe對他們讚賞有加，「對於競爭對手越了解，就越能掌握市場狀況！」

Joe同時也宣布，飯店正朝向將Bus stop改成正式烘焙坊的構想。「這份調查對於飯店來說，相當重要，辛苦了，你們！」

學習評量

1. 中國古代的國宴有哪些？
2. 請說明現在國宴菜單設計時須考量到哪些情況。
3. 請問國宴的目的為何？
4. 國宴的注意事項有哪些？
5. 國宴參與人員的素養有哪些要求？
6. 請說明一般國宴的進行程序為何。
7. 請說明〈總統進行曲〉的典故。

第十二章

無菜單料理VS. Buffet

一、無菜單料理的定義

1.傳統中的現代

在家裡吃飯你不會有菜單的觀念，但是你會問：「今天有什麼菜？」或是：「今天要做什麼菜？」某天你到親戚朋友家中作客，你也不會問今天有什麼料理，除非主人家特別告訴你，他想準備什麼特殊料理，否則必然是主人家準備什麼，你就吃什麼！因爲，客隨主便。尋常人家日常飲食，能吃飽就好了，不會也不敢問今天有什麼菜色，最有可能只在逢年過節，打打牙祭，特別準備一些特別一點的料理。但是鐘鳴鼎食之家則不同了，膳食有專門的廚子負責，總管必須事先溝通過每日的菜色料理，決定之後再交給下人們料理。

現代流行「無菜單料理」的餐廳，是以著怎樣的信念在經營餐廳呢？是想款待客人如同在家一般呢？還是一種對自身餐廳的自信呢？相信餐廳能夠好好地招待所有蒞臨的貴賓，主人只需放心將客人交給餐廳即可。客人來到餐廳不需要費心點菜，因爲餐廳已經安排好所有料理，只須慢慢品嘗美味佳餚即可。法文table d'hote是指套餐菜單，意思是「主人家的餐桌」，也就是說客人無須費神點餐，只要相信餐廳會將最好的拿出來款待你即可；充分代表無菜單料理的精神。

說是無菜單料理，然則廚房還是需要菜單才能作業。即使廚師清晨到市場採買，根據當日的所買的食材來做料理，也還是需要開立當日要做的菜色清單，畢竟廚房並不是一人廚房，沒有菜單如何能出餐呢？

2.變與不變

《大趨勢》作者Naisbitt曾說：「世界唯一不變的就是變。」這個世代比起以往十個世代變化更多更大。人類登上月球，太空之旅成爲可能，人與人之間隨時隨處可以講話溝通，網路成爲人們生活的重心等，這在百年、千年之前是無法想像的。餐飲業的變革也是日新月異，從各地方傳統的料理，到現在的融合變化，許多的新元素，已經賦予這些傳統料理新的風貌。各國料理的結合如日法料理、中印料理、娘惹料理、凱君料理，以至更大區域的融合如北歐料理、南歐料理、南美料理，中華料理……，這些隨著各國武力的競合、殖民、政治勢力的消長等，將區域國界打散重整，形成新的風貌。

現今的創意料理、無國界料理，甚至分子料理，又將餐飲帶往一個新的高峰。時代在變，人的觀念也在改變，但有許多基本精神是不會改變的，就是料理要好吃，服務要好，如此而已。

二、Buffet與菜單的關係

1.Buffet的演變

Buffet的出現最早可追溯到16世紀的歐洲，那時有一種以飲料吧形式供應的brännvinsbord（瑞典人的schnapps），其後18到19世紀出現一種Smorgasbord 的餐飲形式，客人在晚餐前事先享用的冷盤，餐桌上擺設有三明治與冷食、飲料，有人稱它爲Finger Buffet（手指百匯）；有點類似現在的餐前雞尾酒。這種Smorgasbord的餐飲形式在1939年紐約世界博覽會後，就廣爲人知了，後來更增加了許多食物與樣式，是現代Buffet的原型。

In Sweden, a traditional form of buffet is the smörgåsbord, which literally means “table of sandwiches”.

法國在18世紀開始，餐廳有使用Sideboard，就是桌邊服務的Gueridon，這個放置食材而可作爲現場烹調與服務的Sideboard，慢慢與Buffet這個名詞有了關聯，到了20世紀，逐漸演變成自助式風格的供餐形式──「Buffet」。工業革命之後，爲了大量勞工用餐的需求，於是櫃臺式與自助式供餐形式因應而生，其中自助式Cafeteria，是指顧客自行取餐而後結帳的供餐方式，是現在員工餐與學生餐的原型。

圖12-1　桌邊服務Gueridon

2. Buffet的特性

Buffet的發展從早先簡單的食物供應，慢慢地豐富化，到了1956年，William Pearson在他的小說《The Muses of Ruin》寫到他在賭城拉斯維加斯看到Midnight Buffet的情況：以碎冰堆疊像小山一樣高的海鮮，有蝦子、鮭魚、海倫魚、章魚、龍蝦、干貝……，火腿、烤牛排、火雞、各種冷盤、熱食料理，水果、甜點正迎接我，一排排交錯的人群，人們在與他們的食量競逐，這些影像正一一浮現在主廚邪惡的眼眸中……

Buffet的菜單並不在現場，而在廚房裡，餐廳現場一般會備有菜卡，放置在每一道餐點飲料的前面，方便客人的取用。Buffet的菜單可以根據廚房備料的情況隨時更動與變化，但還是需要有其主題與設計，餐飲的題材會引領菜單的方向，餐檯的擺設有無盡的變化，而這些也反映在每一家餐廳的風格中。

圖12-2　Buffet餐檯

3.Buffet的成本與價格

Buffet由於無限供應的特性，會造成食物成本偏高，業者爲了生意量與競爭力，往往會提供高檔食材，消費者也爲了吃夠本，也會針對這類食材大快朵頤，這種種因素都是造成Buffet成本居高不下的原因。經營Buffet最重要在於衡量，座位數必須要多，才能容納足夠的來客數，營業額夠高也才能有利潤。

Buffet的價格端視其提供的食材而定，消費者多以CP值作爲評判重點，這也將形成一種生意上的循環：生意好的餐廳一位難求，食材新鮮，周轉率高，必須提早訂位；生意差的門可羅雀，食材不優，很難維持下去。因此，Buffet的經營須注意到這些重點。

目前，國內大飯店的Buffet價位不低，從800多元到1,000多元一客居多，其中2015底開幕的美福大飯店，以頂級食材爲號召，更是將價位提升到一客2,000元+10%的高點。

4.Buffet與健康的課題

Buffet本身的無限供應特性，會造成消費者的不知節制，每每都是超量食用，相當不健康。但是，國人相當喜歡這種既豐富，又能吃到飽的餐飲形態，這卻是與健康概念背道而馳了。

喜歡吃美食是人類的天性，有錢的人可以有豐盛的食物享用，沒錢的人只好等到逢年過節，再好好打打牙祭，安慰一下五臟廟。然而，過量的飲食只是造成身體的負擔，若無適度地消耗，堆積的熱量是肥胖與三高的獎勵金。Buffet是眾多餐飲形態之一，偶爾爲之還可以接受，若是常常使用，則健康堪慮了！

三、消費者的選項

1.消費者的因素

消費者會選擇Buffet的原因有幾個，茲分述如下：

⑴固定的價格：以人頭計費，方便做出餐費預算。

⑵豐富的菜色：豐富多元選擇多，琳瑯滿目的菜色，滿足視覺的享受。

⑶用餐方式自由：自由的用餐方式，想吃什麼就吃什麼，沒有限制。

⑷用餐時間自由：不用等到所有的人到齊即可開動。

⑸適合分帳：方便參與聚餐者各付各的費用。

⑹用餐彈性大：使用Buffet的餐會好安排，人數與空間的彈性大。

2.擺盪在價格之間

價格是一種市場定位，餐飲市場的Buffet有無數種，不同的價格區間，存在的不同的客群，而這些客群會交錯消費，參與不同族群之間的聚餐，其消費額度也不同。餐會的目的不同，對象不同，其所選擇的用餐場所或是餐廳也會不同，這些決定因素可能是主辦人，也可能是參與者的意見；然而，最重要的影響因素應該是價位。多少價位是消費者負擔得起，或是消費者願意支付的，怎樣的餐點主題內容是消費者喜歡的等。因爲，消費者是擺盪在價格之間。

B-story-12

海外實習

KK大飯店是國際知名連鎖飯店，在全世界有二百多家飯店，單在亞洲區就有三十幾家飯店。飯店的訓練系統是國際總部訂定的，每年都有許多訓練計畫進行，其中有一項海外實習計畫，飯店人事部門會派出三至六人不等到其他飯店的相對部門，進行交流實習訓練（Cross-exposure Training）。

這類的訓練計畫主要是拔擢有潛力的員工，讓他們有機會到其他國際飯店，進行實習交流與體驗，增加國際觀與學習不同國家的文化，增廣見識。人力資源部門會編列相關訓練經費預算，預算通過後，請各部門主管提出候選人，總經理與部門主管開會，再討論決定。

餐飲部協理在去年海外實習人員的遴選，就已經指名Betty與Tony是最有潛力值得培養的人選，今年在正式會議上獲得同意，預計在今年4月，可以到日本東京的KK國際大飯店，進行為期二週的海外實習訓練。當消息傳來，令Betty感到非常興奮。這是一個相當難得的機會，餐飲部門有五百多位員工，能夠雀屏中選，實屬不易！當然，他們能夠獲得青睞，主要是他們的認真與勇於任事的積極態度，餐飲部協理Joe相信他們未來是優秀的飯店人，值得期待。

海外實習是一項訓練政策，飯店內部系統有一定的費用分攤與計費原則，各飯店提供給實習者的客房或以20%房價計費，員工膳食或由各飯店的實際費用計算，其他如制服的計費，或是各項保險，都有一定的準則編列計算。如果加計該員工的薪資與機票，一個人一次的海外實習訓練所費不貲。

這次Betty與Tony的海外實習時間，訂在4月底，剛好是Bus stop暫停營業重新裝修的期間，如此安排是考量到一個段落，二人剛好可以充電學習。此外，安排到東京的KK大飯店，是因為日本有相當發達的烘焙業，飯店的烘焙坊做得有其知名度，藉此機會可以到許多糕點名店觀摩。

不久，他們收到人資部門的海外實習手冊，裡面詳細說明實習的注意事項，包括東京KK的人資專員（聯繫窗口），實習部門主管姓名、負責訓練員、實習工作時間與作息、員工餐的使用、餐廳用餐的規定、制服與洗衣的規範等。另外，還有二個附件，一個是訓練時間表與機票等相關出入境資料；另一個是實習報告規範，須於實習結束後一週內繳交。

終於他們出發開始實習了！

東京KK大飯店安排他們住在不同的樓層標準客房，窗戶視野面對一個大公園，感覺很舒服。Tony是到點心房實習，Betty是到咖啡廳與蛋糕屋實習。負責Betty的訓練員是咖啡廳副理淺木雅子，親切中帶點嚴肅，做事中規中矩，介紹事情清楚明白，很有條理。兩人用英語溝通，剛開始還有點生硬，但不久之後就變得自然順暢。日本人做事很有條理，規定嚴格，上下屬分際清楚，有禮貌，服務精神令她頗為感動。那是經過充分嚴格訓練之後的歷練，肢體動作與口語都帶有一種飯店的風格。

咖啡廳位於一樓，是屬於Brasserie風格，提供房客早餐及全天候的餐飲服務，與臺北KK差不多。蛋糕店在咖啡廳的另一獨立區塊，裡面有琳琅滿目的糕點與麵包，空間頗大，購買的顧客相當多，以本地消費者居多，也有許多房客進來購買。其價位比起臺北貴上許多，那是因為兩地物價的差異。

除了在咖啡廳與蛋糕屋之外，Betty還有二天被安排到宴會廳實習。KK大飯店的宴會廳相當豪華典雅，各式餐會在宴會廳舉行，都能顯出一種貴氣的質感。日本宴會廳的服務人員除了正式員工外，還有打工與派遣工，而他們一般都要接受足夠的服務訓練，才能正式服務出勤。注重服務流程與服務細節，希望能提供最佳的服務。

休假日淺木雅子特別安排帶他們到許多知名的蛋糕店去參觀與購買，這稱之為「Restaurant Shopping」。早年臺灣的糕點一向跟隨日本的步伐，不管是麵包或蛋糕產品，都有日本的影子；現在由於網路資訊的發達，則與歐洲同步了！逛過東京一些糕點名店之後，淺木雅子特別帶他們坐新幹線到輕井澤，其中有一家舊銀座的烘焙坊「淺野屋ASANOYA」以歐式麵包著稱，生意非常好，店裡滿滿的客人，她說這是她個人頗喜歡的一家店。他們參觀之後，也買了一些麵包品嘗，果然很有風味，這是一家以窯烤麵包出名的烘焙坊。

當他們結束海外實習回來之後，就開始投入新烘焙坊與菜單的規劃設計，一個新的任務正等待他們去完成。

學習評量

1. 請問無菜單料理的精神為何？
2. 就你的觀點「無菜單料理」有其市場嗎？為什麼？
3. 請說明Buffet的演變。
4. 請說明Buffet的特性。
5. 請說明Buffet的優點與缺點。
6. 請就你的觀點說明Buffet與健康的關係。
7. Buffet的成本結構與一般單點或套餐菜單有何不同？
8. 消費者會選擇Buffet的原因有哪些？

第十三章

團膳與菜單規劃

一、何謂團膳

1.需求的原點

團體膳食並非工業社會的衍生物，早在農業社會，就已經有團體膳食的需求。早期農民在農忙時會互相支援，你幫我，我幫你，不管播種、插秧、除草、收割，在沒有機械的輔助下，只能靠人力；因此，這許多人一起工作，主人家就必須準備點心、飲料，以及中午的午餐。這個主人家的午餐，或許就是團體膳食的原型。

團膳的需求在於日常的飲食需要，有人的地方就有飲食的需求，從早年農忙時的臨時性組織，到宮廷（政府）、軍隊、固定組織，直到現代的企業、學校等，團膳已經成爲大眾飲食上重要的課題。本章專指營利事業之團體膳食。團膳又叫做「大量膳食製備」，團膳係「團體膳食」之簡稱。李義川（2007）指出，團膳是透過有系統的管理，使得餐飲之供應工作，得以協調順利進行，製作出獲得顧客最大滿足，並使團膳能夠獲得利潤。學者Morgan定義：有系統……使得餐飲機構享有合理的利潤。

因此，團膳是一群受過專業訓練及有組織的膳食專業供應人員，從事大量食物製備的菜單設計、食物採購、烹調製備與供應的工作。

2.團體／企業的需求

團膳俗稱「團體伙食」，是以大批量一次製作提供給多數人食用，並能滿足消費者的需求。福泰團膳（2010）指出：現代團膳市場，已從大眾時代走向分眾；其消費導向，趨於精緻分眾路線。若以服務品質的概念出發，可以發現團膳與一般的餐飲服務並無二致，即是符合良善的餐飲質感，其中包含了美味、尊重、健康與專業。所以，團膳可以是新的團體飲食概念，也提供不同層面的需求，客製化的分眾餐飲系統。

此外，團膳的需求由於重複性高，因此，菜單的設計必須每日有變化，否則必然無法被消費者接受。即使如此，許多主菜、副菜仍然會不斷重複出現，就如同家裡的菜色之重複一般。所以，菜單的設計就要以模組化的方式來因應。

另外，不同的團體也有不同的需求，例如軍隊的伙食可能要滿足體力消耗的需求，老人院的伙食就要清淡養生，公司行號的伙食卻要思考如何好吃與變化豐富，而學校的營養午餐則要考慮到營養的均衡。

再者，團膳的價格不能太高，既要滿足營養、豐富、變化等需求，其食材的取得亦要考量到進價成本，如此才能將本求利，符合雙方的利益。因此，在菜單的設計與食材的採購上，必須下足功夫，才做得到。其他，如烹調的實務操作、食品衛生安全的管理、營養的均衡與熱量的計算、緊急意外的處理等，將在團膳的管理中一一介紹。

Harger etc.（1988）提出，團膳爲整合食物與飲料的採購、儲存、製備及服務系統，期望充分達到顧客滿意，創造利潤的雙重目標。

學者黃紹顏（2008）曾爲團膳內容下一個定義：「團體膳食的內容應包括菜單設計、食物之採購、驗收、貯存、領發貨、製備前處理、烹調、供應，並注意餐食的安全與衛生、設備與功能、人事、行銷管理等，使團體膳食管理更趨於完善。」因此，團體膳食是有系統的膳食管理，在有計畫、協調、控制下，才能應用有效的方法，降低食物成本，並將經營成果回饋給消費大眾。

3.團膳的管理

團膳的服務首在熟悉顧客要的是什麼。一個經營良好的團隊，要有優良的人才，建立自身的知識管理系統，記錄與傳承分享知識。團膳每天要面對諸多挑戰與意外狀況，若能培養自我學習型組織，營造善意，讓團隊以信任及坦誠的方式，面對並解決問題，加上持續不斷地學習，以吸引更多優秀的人才。

根據食品衛生管理法規定，餐食製造業與餐飲服務業，須依照所定法規，設置相關管理人員與管理辦法，例如聘用專任營養師、食品技師及有相關廚師證照之廚師。另外，負責鍋爐領有證照的專業技師，也是要求範圍。

二、團膳菜單的規劃

1.循環式菜單

循環式菜單是針對公司行號或是機關學校，最常用之供餐形態，一般以午餐居多。主食以白飯爲主，有時可以麵食替代，但麵食易爛不能久放，時間及溫度要求較多，對於長時間供餐的模式較爲不便，出現次數較少。由於單價不高，副食則以三菜或四菜一湯居多，其中一道主菜以家禽、家畜、海鮮爲主角，另有二道半葷素及一道時蔬，湯則以成本較低廉的蔬菜清湯爲主，偶爾可以濃湯如酸辣湯、玉米濃湯等更換，或是因應夏季可以供應綠豆、仙草、薏仁……等甜湯。

主菜的變化在於烹調做法與口味的改變，例如雞肉、海鮮、豬肉、牛肉都各有數十種甚至上百種烹調法，這些烹調法讓主菜不再一成不變，消費者每日可以有不同的期待。

由於循環式菜單有固定價格，因此菜單設計可以表格方式呈現，茲舉範例如下：

表13-1　循環式菜單

日期	主菜	副菜一	副菜二	蔬菜	湯	水果	備註
(星期一)							
(星期二)							
(星期三)							
(星期四)							
(星期五)							
(星期六)							

2.簡餐式菜單

簡餐式菜單是針對較小規模的公司行號或機關學校，常用之供餐形態，用餐者到餐檯前選擇一種主菜，其餘各項餐點則是固定提供，一人用一個大托盤，將所有餐點或飲料、水果都盛放在一個餐盤上。

簡餐式菜單可以有不同價格，也可以固定價位，端視其需求而定。茲舉範例如下：

表13-2　簡餐式菜單

餐別	主餐	配菜／飲料	價格
（A套餐）	咖哩雞	時蔬、例湯、小菜、紅茶	NT$xxx
（B套餐）	豉汁排骨	時蔬、例湯、小菜、麥茶	NT$xxx
（C套餐）	烤秋刀魚	時蔬、例湯、小菜、綠茶	NT$xxx
（D套餐）	紅燒牛肉	時蔬、例湯、小菜、冬瓜茶	NT$xxx
（E套餐）	廣式三寶	時蔬、例湯、小菜、仙草茶	NT$xxx

3.櫃臺式團膳

櫃臺式團膳即是自助的供餐方式，保溫餐檯上放置了數十道菜色，有主菜、副菜也有青菜，琳瑯滿目。一般規定主菜只能擇一，其餘不限。有些做法是採用秤重計價方式，這種供餐方式適合由用餐者自費，或者是由公司機關補助固定餐費，但由用餐者自行付費。餐檯旁則提供無限供應的湯品及餐具。

櫃臺式菜單一般只列出主菜的部分，或是不需要提供菜單，因爲用餐者可以一目了然，除非其主菜有不同定價。

4.美食街規劃

美食街是晚近才出現的供餐方式，最早出現在百貨公司，規劃一整個樓層，找來各式各樣的餐點供應者，多數是地方風味小吃，如蚵仔煎、肉圓、擔仔麵、牛肉麵、炒米粉、海南雞飯、嘉義雞肉飯、魚丸湯、肉骨茶、鼎邊銼……。當然，爲了供餐多元性，水果吧、素食餐廳也會考量。其後，又出現了小火鍋、各國主題餐廳等，再加上如麥當勞之類的速食店、便利商店、咖啡廳，現代豐富多元的美食街已經開進醫院及機關了。

美食街的菜單一般是看板式設計，就在專櫃的上方，目前業者爲了提高營業額，多設計多元組合套餐式，價位有多款讓顧客挑選。

圖13-1　美食街示意圖

但以上述這幾種團體膳食而言，美食街的價位最高，其次依序應爲簡餐式、櫃臺式，最後才是循環式。

三、團膳與衛生管理

1.衛生管理

由於團膳是關係到人數眾多的消費者，一個意外或食物中毒，都將是團膳企業難以承受之重，所以食品衛生安全之管理，顯得如此之重要。這方面有專門的學科專書予以區別，有興趣者可以尋找相關書籍詳閱。這裡僅舉幾個重點予以說明。

(1)自主管理表單

(2)標準作業流程

(3)定期委外病媒消毒

(4)定期衛生教育訓練

(5)衛生單位不定期稽核

(6)危害分析重要管制點（HACCP）

2.緊急應變計畫

緊急應變計畫是針對許多可能發生的意外狀況，做沙盤推演，擬定應變計畫，以防眞正發生時不知所措，能及時有效解決問題。意外狀況總是存在，食安、公安以及諸多人爲疏失，有時難以預防避免，但須有處理的策略，才能及時予以因應。例如臨時缺水、斷電、人力短缺、食材貨源不足或有問題、失火、員工受傷等，甚至最不可發生的食物中毒，該如何處理？在在考驗著經營者的智慧。

3.HACCP

危害分析重要管制點（HACCP）最早始於1970年初，美國太空總署（NASA）爲了研發無衛生安全顧慮之食品，提供太空人食用，所開發之衛生安全管制系統，即從原材料、製造工程、製造環境、作業人員、貯存、運送等過程，找出可能之污染源並加以系統化的管制，同時進行記錄，作爲改善之依據，這就是HACCP觀念的起始（食品藥物消費者知識服務網，2014）。

HACCP涵蓋危害分析（Hazard Analysis）與重要管制點（Critical Control Points）二大部分，其英文意義如下：

Hazard	Analysis	Critical	Control	Points
危害	分析	重要	管制	點

HACCP管理制度是一套於食品生產之所有過程，先找出可能發生之危害，再以重要管制點，有效防止或抑制危害之發生，以確保食品安全之自主衛生管理制度。茲將HACCP系統做系統性描述。

(1)HACCP體系包括七大原則：

①進行危害分析。

②運用決定樹等方法判定是否為CCP或其類別。

③建立每一CCP點之目標界限及管制界限。

④建立每一CCP點之監視系統。

⑤建立異常之矯正措施。

⑥確認HACCP系統。

⑦建立適切之紀錄及文書檔案。

(2)HACCP制度支持系統作業程序：

①廠商合約審查。

②文件管制。

③原物料採購驗收。

④儀器校正。

⑤儲存及運輸。

⑥教育訓練。

⑦產品回收。

⑧客訴處理。

(3)良好作業規範方面涵蓋範圍：

①操作人員。

②建築物及設施（工廠及廠區環境，衛生操作，衛生設施及控制）。

③機械設備及用具。

④生產和加工控制（製程控制，倉儲和配送）。

⑤缺點行動基準（食物中有自然或不可避免缺點，但對人體無害）。

(4)中央廚房細節規劃原則：平面布局應符合產品加工工藝，使人流、物流、氣流、廢棄物流順暢。茲分述如下：

①人員進入車間，必須進行一次、二次更衣、風淋、洗手、消

毒，再准許進入（圖13-2）。

②操作人員必須直接到達操作區域，避免清潔區與污染區人員動線相互交叉。

③避免污染物和非污染物的動線交叉（圖13-3）。

④避免生、熟品之間動線相互交叉。

⑤加大清潔區空氣壓力，防止污染區空氣向清潔區倒流。

⑥氣流以低溫向高溫流動。

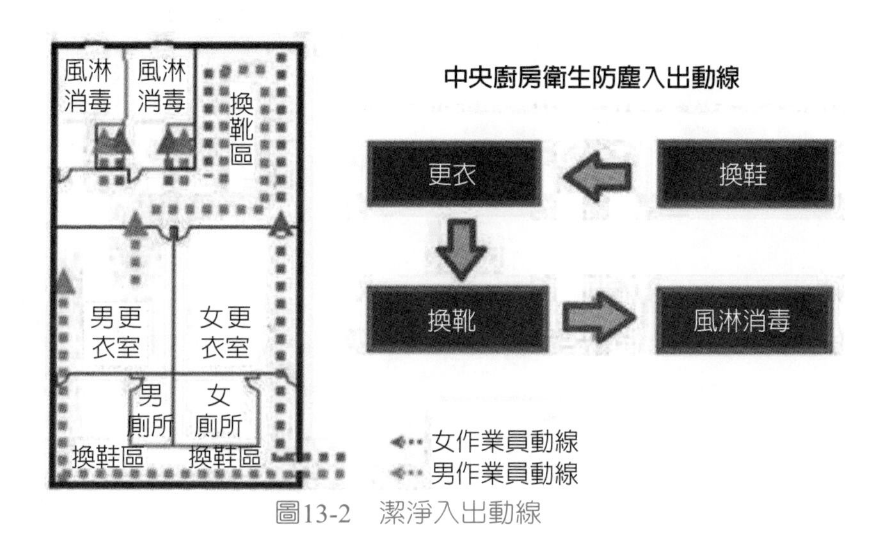

圖13-2　潔淨入出動線

(5)嚴格按照製造工藝選擇加工設備、物流設備、製冷設備。

(6)嚴格按照節能原則，購置工藝設備。

(7)注重環境衛生，防蟲防鼠。

(8)資訊設備長遠規劃，分期實施。

(9)區域溫度定位：不同區域溫度需求不同，請詳下表。

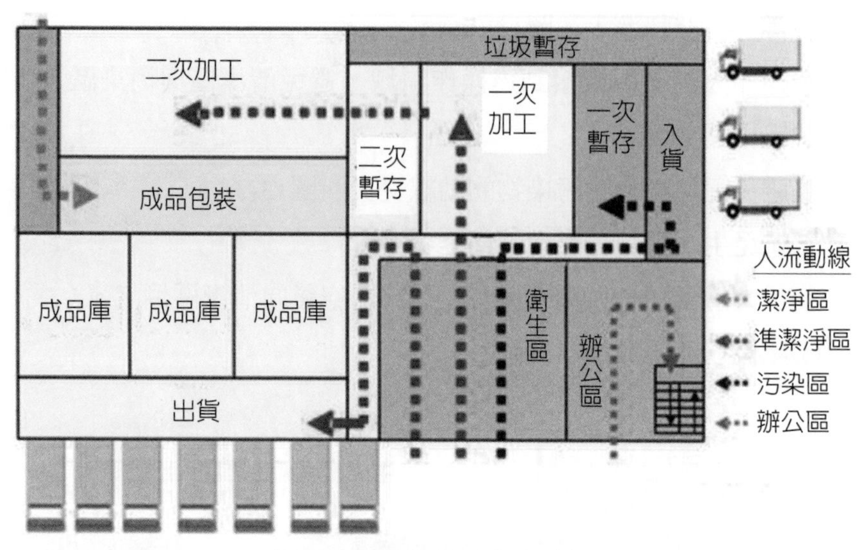

圖13-3　中央廚房人流動線

表13-2　中央廚房區域溫度定位表

種類	溫度	種類	溫度
進貨月臺	5℃	水產加工室	12℃
肉食原料冷藏庫	0℃	主食加工室	12℃
肉食半成品冷藏庫	0℃	水產包裝室	12℃
肉食半成品冷凍庫	-25℃	配菜冷藏庫	0℃
肉食加工室	12℃	配菜包裝室	12℃
肉食包裝室	12℃	商品冷凍庫	-25℃
水產原料冷藏庫	0℃	分揀室	0℃
水產原料冷凍庫	-25℃	低溫垃圾庫	0℃
水產半成品冷凍庫	-25℃		

我國自1996年由省府衛生處首推先期輔導，其後由行政院衛生署2000年接續先期輔導計畫，並於2009年實施「餐飲業HACCP評鑑制度」，將食品衛生安全推向一個里程碑。

四、團膳與健康管理

1. 健康的趨勢

現代人對於健康議題的重視，使得膳食供應者必須注意到，菜單的設計須考慮到營養的均衡與熱量的計算。「三高三低」首先於1980年被營養學家提出，其後衛生署（現爲衛福部）更於1985年在健康文宣上，提醒健康的重要性，由於國人在十大死因方面，心血管疾病高居首位，讓人不得不重視飲食健康的議題。

國人前五大死因，從癌症、腦血管疾病、冠狀動脈疾病到糖尿病，多肇因於肥胖、抽菸，以及六大類食物即蔬菜、水果、奶類、高蛋白質食物、主食類、油脂之失衡（衛福部健康白皮書，2014）。

目前國人的健康意識已經抬頭，健康飲食的需求也與日俱增。餐飲業對於提供均衡的飲食已經是責無旁貸，尤其是團膳業務，更是受到各方面的期待。營養師參與團膳管理已是目前的趨勢，政府在法令上有相關規範，醫院與團膳（尤其是承包學校營養午餐的餐盒業者）都必須有專任的營養師。

2. 熱量的需求

熱量是食物經由消化之後所產生的熱能，人在生活與工作中都會消耗熱量，因此，必須有足夠的熱量才能維持人的體能。食物中所含的營養素，可分爲五大類：即碳水化合物、脂類、蛋白質、礦物質和維生素。其中，碳水化合物、脂肪和蛋白質經過體內氧化可以釋放能量，這是人體所需的熱量來源

3. 飲食均衡

依照食物的營養特性，可分爲六大類：

(1) 五穀根莖類：包括米飯、麵食、玉米、燕麥、番薯、馬鈴薯等，是我們主要產生熱量的來源。

(2) 蔬菜類：包括葉菜類、花菜類、瓜菜類、菇類等，每天的建議

量是三百公克，主要是提供維生素、礦物質、膳食纖維。

(3) 水果類：富含果糖、葡萄糖、礦物質、維生素、膳食纖維等營養素。

(4) 蛋豆魚肉類：提供優質蛋白質、脂肪、維生素B群及礦物質。

(5) 奶類：包括鮮乳及乳製品，其每日建議攝取量爲一至二杯，奶類本身含有優質蛋白質、脂肪，並含有豐富的鈣質及維生素B2。

(5) 油脂類：油脂提供脂肪、必需脂肪酸，可分爲動物及植物性油脂。

飲食健康除了均衡攝取六大類食物外，如果能再加上「三多、三少」的原則，將更爲理想。三多是多開水、多纖維、多運動，三少則是少糖、少鹽、少油。可以參考下列臺灣的每日飲食指南梅花圖及美國的飲食金字塔：

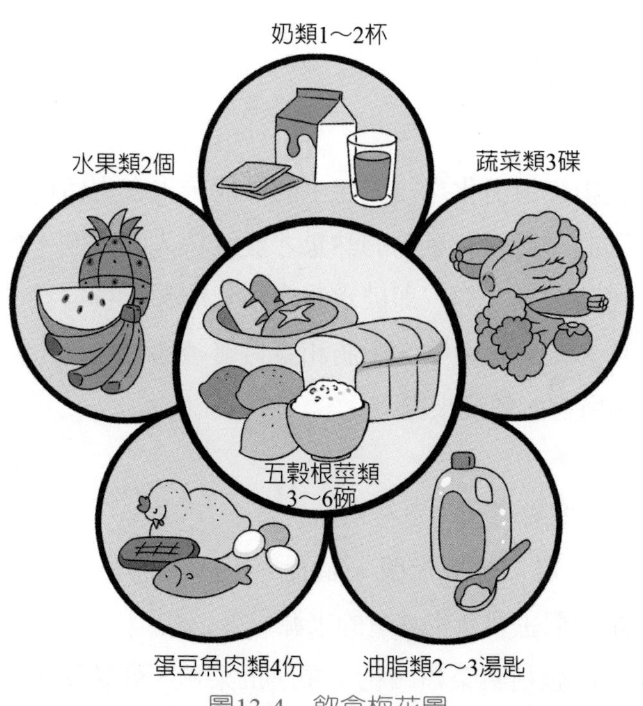

圖13-4　飲食梅花圖

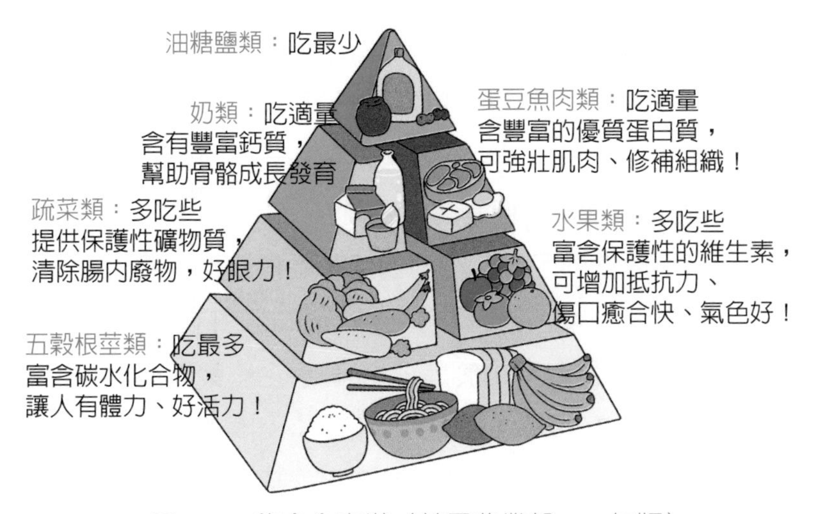

圖13-5　飲食金字塔（美國農業部2014年版）

圖13-6　飲食金字塔（美國農業部2012年版）

B-story-13

KK-Bakery Shop

時光飛逝，Bus stop開幕至今已二年多了！從籌備到開幕，到之後的營運，Betty一直忙著店內的事情，不想時間過得這麼快！

由於Betty的用心經營，加上點心房及冷廚的配合，Bus stop的業績不斷提升，從開幕階段的每個月九十幾萬營業額，到現在每個月一百二十幾萬，成長了三成。餐飲部協理在一次部門主管會議中建議，Bus stop可以再提升，但是需要空間。

不久之後，隔壁的西服店租約到期，不再續租，飯店財務長就提議餐飲部研究一下：是否要擴充Bus stop？經過內部討論後，總經理要求Joe提出評估企劃案。於是，Joe著手企劃案的進行，首先是財務損益評估。營收預算，Joe請Betty預估：如果場地空間大一倍，產品項目也可以增加，營收能夠提升多少？另外，人力部分是否有需要增加？工程裝潢部分，Joe請工程部李總工程師協助提出經費預估。

經過一番評估，新的損益預算顯得相當樂觀，營收預估可提升50%，人事費用增加一個人編制，但是整體人事費用並沒有增加，還微降了0.5%。其他各項費用都維持原來幅度，只有工程經費的攤提與租金，每個月增加了130,000元（裝修總經費1,800,000元，分三年折舊，每月攤提50,000元，租金每月增加80,000元）。整體淨利率比原先還高了約1.5%。

董事會同意了這個企劃案，預計在7月動工，工期一個月。因此，Bus stop將營業到6月底。此外，店名將更換為「KK-Bakery」（KK烘焙坊），預計8月初開幕，人員與組織將重整，菜單也將重新規劃，又是一個新店的籌備與開幕。

新的「KK-Bakery」有新的預算，為了達成預算，菜單的規劃設計就必須要考量到顧客的消費值，產品的品質與價位要更能相符，產品的需求性也要高。換言之，就是要做出顧客需要與喜歡的產品，才能符合市場需求。由於空間加大，蛋糕櫃將由一個增加為兩個，其中一個專賣手工巧克力產品。麵包類以歐式麵包為主，放在靠外面落地玻璃櫥窗，中島櫃以冷藏冰箱擺設沙拉與三明治品項。所有菜單品項預計增加25%，包裝袋與提袋重新設計，飲料外帶杯組及所有消耗備品，也都要有新的風貌。

時間一日日消失，Betty與餐飲部辦公室、點心房、美工部、成控室、採購部……所有相關部門，每天聯繫討論報告：菜單的確定、成本的分析、價格的訂定、海報、傳單、包裝耗材、人員的訓練、POS系統建置等。一個月的時間，終於全部搞定。Betty心裡真的要感謝許多人的幫忙，因為一個人是不可能完成所有的事情，唯有團隊的協助才能。

學習評量

1. 請說明何為團膳。
2. 請問團膳的需求來自於哪些單位？
3. 團膳的管理須注意到哪些事情？
4. 循環式菜單適合什麼單位？
5. 請說明團膳與衛生管理的重點。
6. 請說明何為HACCP。
7. 請幫你學校的學生餐廳制定緊急應變計劃。
8. 請說明飲食均衡要注意什麼？

第十四章

菜單分析工程

一、菜單分析的時間點

餐廳在經營一段時間之後，會累積起商品的銷售資料，哪些商品賣得好，哪些商品不受歡迎，什麼商品在某時段賣得好，什麼商品卻不然，這些銷售情況，須做有系統的分析，才能得到有意義的數據。經營者並不是盲目地做經營管理，而是要透過有系統的方法，去分析比較，從而得出一些數據與經驗值，再根據目前市場競爭對手的策略，做出自身的經營方針。

餐廳的菜單不可一成不變，至於何時或多久更換一次菜單，須視餐廳的特性而定。飯店中的餐廳大致可分為高級餐廳（FDR Fine Dining Room）與一般餐廳（PPR Popular Restaurant）兩種：高級餐廳客單價高，顧客屬性較喜追求美食，願意支付較高消費；一般餐廳較為平價，顧客屬性較喜追求熱鬧時髦，重複性高。以此二者，高級餐廳可以半年至一年更換一次菜單，但是每天可以推出主廚推薦特餐；一般餐廳可每季或半年即更換一次菜單，加速其餐廳之循環。以目前餐飲界「古拉爵」為例，就是每季都會推出新菜單。

二、菜單分析的重要性

餐廳的菜單品項多寡不一，速食餐廳品項簡單，價格低廉，廚房設備簡單，操作容易，極適合做標準化與連鎖加盟，現場不需要大師傅，只要用工讀生即可供應一致化的產品。高級餐廳則不然，菜單品項較豐富多元且經常變化，需要有大廚師級的手藝方能做出，使用的設備器具也較為複雜，因受限於設備、技術與複雜度，高級餐廳較少有加盟連鎖的做法。

反之，速食餐廳的菜單分析做起來也相對容易，高級餐廳所必須思考的問題則多出許多，這也是經營管理的難易度差異點所在。以餐飲速食業現況而言，多數的單店店長年紀相當輕，許多店長資歷不過三至五年，但是高級餐廳的經理的養成則需要更長的時間。

菜單是一家餐廳的核心價值，代表所有販售的商品都是在最佳狀態，但是並非所有商品都受到歡迎，這就有了思考的空間。或是可以解讀爲：本餐廳有些餐點做得很好，但有些餐點可能不如別家餐廳做得好。也有可能是價格上的問題，同樣的菜色料理，本餐廳是不是賣貴了？抑或是地緣關係？顧客屬性不同所造成？以上都是有待討論的課題。

因此，一段時間做一次菜單分析工程，將有助於釐清上述問題，可以幫助經營者找出答案，做出正確的經營決策。

三、系統的建立

1.菜單分析工程公式

當某一家餐廳準備更新菜單時，最好能用菜單分析工程來幫忙分析，如此可建立起系統化制度。目前做法可以使用電腦POS系統，找出最近一期的銷售紀錄，分析其產品組合之銷售利潤與數量，找出目前產品的特性，以作爲更換新菜單的參考依據。

根據Jack .D. Ninemeier（1986）引述自Michael L. Kasavana and Donald I. Smith《菜單分析工程》，他將所有品項依其銷售量之多寡與利潤之高低，分爲下列四個類型：

(1)明星型（Stars）：屬於利潤高、銷售量高的產品。

(2)跑馬型（Horses）：屬於利潤低、銷售量高的產品（薄利多銷型）。

(3)困惑型（Puzzles）：屬於利潤高、銷售量低的產品。

(4)苟延殘喘型（Dogs）：屬於利潤低、銷售量低的產品。

上述這四種類型之間分際並不是相當清楚，到底利潤多少是高？多少是低？銷售量又該如何區分？這需要有明確的定義。標準配方表可以提供所有餐點的成本與毛利率，POS系統能夠提供產品的總銷售量，經營者須自行定義利潤與銷售量的區隔點，由此分出高低，讓分析工程方便進行。

2.菜單分析座標圖

此外，根據上述菜單分析工程中，將菜單品項以邊際貢獻率）（Contribution Margin，即利潤）和點菜率（Menu Mix，即產品銷售量），分別作爲橫座標與縱座標，將上述四個菜單類型分別定義爲不同象限，請詳圖14-1：

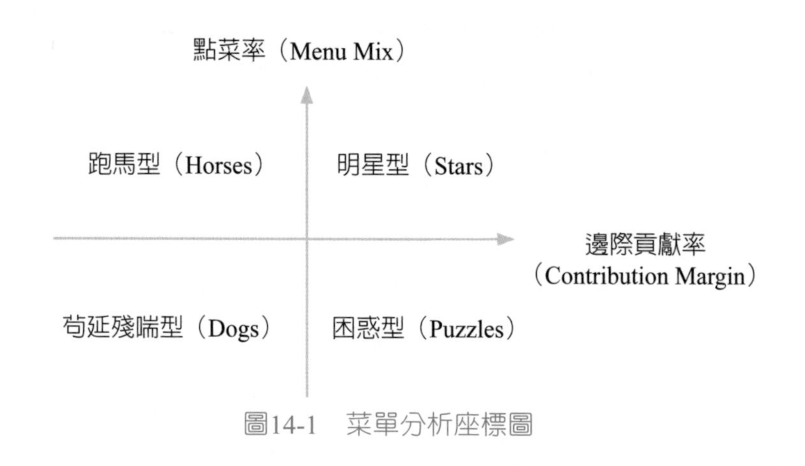

圖14-1　菜單分析座標圖

3.定義與因應流程

在進行菜單分析工程之前，必須先做好一件事，就是做出成本分析。這是一個成本控制循環，也就是每次菜單更新確定之後，主廚必須根據新菜單做出一份完整的「標準配方表」與「標準菜餚成本單」（請詳第七章表7-1與表7-3）；成控部門再根據「標準配方表」與「標準菜餚成本單」來做成本計算，準確計算出每一道餐點飲料的標準成本；經營階層再根據所算出的成本來決定售價。如此一來，每一份餐點與飲品，都有了明確的成本與售價，這個成本就是所謂商品的進價，售價減掉成本即是商品毛利。等以上步驟都完成之後，才能夠將新菜單輸入POS銷售系統，表示新商品已經上架販售了。

茲試以下列定義說明之：

售價－成本＝商品毛利

商品毛利70%以上——高利潤

商品毛利70%以下——低利潤

商品銷售量高於平均銷售量以上——銷售量高

商品銷售量低於平均銷售量以上——銷售量低

餐廳經營一段時間後，透過POS系統，可以清楚知道每一項商品的銷售情況。這時經營者必須定義清楚，菜單分析工程的四個類型的分際：利潤率多少是高？多少是低？銷售量賣出幾份算是高？幾份以下算是低？有了一個定義清楚的標準之後，就可以將所有餐點飲料（商品）做出分類，如此就能知道哪些品項是屬於明星型的產品，哪些產品是跑馬型，或困惑型，或苟延殘喘型。

在做更換菜單決策時，可以考量將苟延殘喘型（Dogs）的產品刪除，換上一些較新的產品；對於困惑型的產品，加強行銷或可考慮更換；明星型產品，盡量維持品質及口碑；而跑馬型產品則提升菜餚品質以提高售價，有可能讓跑馬型商品變成明星型商品。然則，在考量的同時，也須注意到目前市場上的潮流，什麼商品是現在最受歡迎的？競爭對手做了哪些改變？在設計新產品時能夠作爲參考。也要注意到，一個食安風暴，可能造成某些產品賣不出去。

茲以第七章之義式料理餐廳爲範例，以其銷售紀錄表來說明菜單分析工程，請詳下表：

範例

表14-1　複本

義式餐廳菜單銷售紀錄表

期間：2016年8月1日～2016年12月31日

編號	品　項	成本	售價	成本率%	銷售數量
Xx01	Antipasti E Insalata Misti A Sorpresa 綜合開胃菜	60	250	24	2600
Xx02	Insalata Caprese e Basilico Fresco新鮮莫札里拉起司番茄羅勒盤	75	280	27	1800
..	Minestrone Di Verdure Con Zucchini 義式綠節瓜蔬菜清湯	20	100	20	900
..	Creama Pi Datate Con Porri 扁豆湯	18	100	27	850
..	Zuppa Al Pomodoro 番茄濃湯	24	100	24	1600
..	Tagliatelle Alla Carbonara 奶油培根寬麵	80	290	25.5	1720
..	Gnocchi Di Patate Con Pesto Genovese Epolpa Di Granghio 青醬蟹肉麵疙瘩	88	300	32	1450
..	Petto d'anatra Alla Fettuccine 鴨胸義大利寬扁麵	85.5	360	24	750
..	Tagliatelle Ai Funghi Porcini E Scaglie Di Tartufo Nero普奇尼菌菇義大利寬麵	92	320	28.8	1250
..	Risotto Ai Frutti Di Mare什錦海鮮燉飯	76	270	28	2100
..	Bistecca Alla Fiorentina佛羅倫斯牛排佐綠胡椒沙司	250	850	29.4	1200
..	Galletto Al Forno Al Balsamico E Peperoni香烤半雞佐甜椒蜂蜜義式老醋沙司	210	780	30	1480
..	Osso Buco Alla Milanese Con Porcini 普奇尼菌菇燉牛膝	245	920	26.6	600

編號	品　項	成本	售價	成本率%	銷售數量
..	Filetto Di Cernia Rossa Alla Salsa Di Peperoni Rossi 鮮魚佐甜椒白酒沙司	192	780	25	910
..	Costine Di Manzo Ai Ferri Con Salsa Al Pepe Verde 香煎無骨牛小排佐綠胡椒沙司	260	980	26.5	1200
..	Filetto Di Manzo Al Vino Porto一級鐵扒菲力佐波特沙司	480	1550	32	500
..	Panna Cotta Con Frutta Fresca義式傳統奶酪	15	90	17	1800
..	Budino Al Caramello 焦糖烤布蕾	18	90	28	1350
..	Macedonia Di Frutta 糖漬季節鮮果	25	110	23	800
..	Tiramisu 提拉米蘇	28	110	25.5	1900
	……				……
	……				……
	總　　計				

茲以上表義式餐廳菜單銷售紀錄表做範例：

從該義式餐廳的菜單銷售紀錄來分析，每一道餐點菜餚有不同的成本與售價、銷售數量與利潤率。如此可以將菜單依照四個象限作為區分：

明星型（Stars）：利潤高、銷售量高

新鮮莫札里拉起司番茄羅勒盤

綜合開胃菜

番茄濃湯

奶油培根寬麵

什錦海鮮燉飯

普奇尼菌菇義大利寬麵

佛羅倫斯牛排佐綠胡椒沙司

提拉米蘇

義式傳統奶酪

跑馬型（Horses）：利潤低、銷售量高

青醬蟹肉麵疙瘩

香烤半雞佐甜椒蜂蜜義式老醋沙司

香煎無骨牛小排佐綠胡椒沙司

焦糖烤布蕾

困惑型（Puzzles）：利潤高、銷售量低

義式綠節瓜蔬菜清湯

普奇尼菌菇燉牛膝

鮮魚佐甜椒白酒沙司

鴨胸義大利寬扁麵

苟延殘喘型（Dogs）：利潤低、銷售量低

扁豆湯

一級鐵扒菲力佐波特沙司

糖漬季節鮮果

四、試菜

不管是局部更換菜單，還是全面翻新菜單，在新菜單推出之前，需要拍攝產品照片，因爲照片除了製作新菜單使用之外，還需要有菜色照片貼在標準菜餚成本單（Standard Food Items Cost）上面，作爲未來餐廳出餐的標準。

此外，餐飲部應該辦一場試菜，請廚房將該餐廳所有新的餐點菜餚製作出來，讓所有外場與內場同仁見識，並一起品嘗菜餚，藉這個機會了解菜色內容，也可以請主廚介紹新菜的特色，甚至是有關食物對身體的好處等。如此，服務人員在幫顧客點餐時，可以生動地介紹並做推銷，如此可以產生一個良性循環。

B-story-14

委外的員工餐廳

員工餐廳的大廚阿坤師最近要走了，他打算自行開業，去賣他的阿坤麵線與臭豆腐。Betty非常懷念他的料理，尤其是他的麵線，那真是超級無敵啊！自從吃過一次之後，她就一直盼望什麼時候可以再吃到。慢慢她已經習慣去看員工餐廳公布的菜單，其實就是為了了解這一週有哪些菜色是她不可錯過的。

上次福委會開會之後，就決議要每週三午餐時間，有一次麵食，一次地方小吃。小吃如：碗粿、肉粽、米糕、肉羹、肉丸等。其餘時間還是維持原來三菜一湯加牛奶或養樂多，白飯無限供應，另外再提供素食菜色與五穀雜糧飯。比較起來，KK大飯店的員工餐算是相當不錯，主菜特別要求以客飯等級處理，例如雞腿是以整隻骨腿供應，魚也是比一般的大而完整，豬排也是很大一片，這些都讓Betty非常喜歡。

阿坤師是四年前才到KK大飯店任職，他來了之後，菜色變得活潑而更加可口了，從白飯的消耗量就可以知道，這是倉庫的小舟告訴她的。有一次，她用餐時剛好與成控室的Alex與負責倉庫的小舟比鄰而坐，聊到員工餐的菜色，他們都覺得最近的菜色變化較多，也比較好吃。小舟就說了，最近幾個月員工餐廳所領的米，比以前多了約二成，由此就可以知道用餐的人多了。但是，Alex卻說根據員工餐的用餐數量，最近幾個月增加的幅度只多了約一成，另外一成卻是因為飯的消耗量增加。總之，大家都覺得阿坤師真的比較厲害，感覺被養胖了！

然而，由於政策的緣故，員工餐的經營，上層已經決定要委外經營，阿坤師似乎走得正是時候。有人說他將在飯店附近開小吃店，賣他的麵線與臭豆腐；也有一說是上層要求他將員工餐的成本降低，引發他的不滿。在經過一番成本分析與人事費用的評估之後，覺得委外經營可以符合公司的利益，而這家臺北市頗具知名度的M團膳公司，有其團膳上的專業，菜色品質不錯，有很多大型企業的員工餐都是委託他們在經營，反應優良。

員工餐的菜單以往都是一週前，就公布在布告欄，人資部會求員工餐廳主廚十天前就開好下一個月的菜單，他們再打成一週式的菜單，逐週公布。主菜每天須有兩款，一款肉類，一款海鮮類，一個副菜，一個時蔬、每日例湯、水果或飲料，兩種飯、素食餐等。而這些M團膳公司都能完全配合。

……M團膳已經進駐兩個多月了，Betty心裡不知是不捨還是念舊，總是無法接受更換後的員工餐。當多數同仁表示還OK的時候，她卻認為這是一種妥協。於是，阿坤師新開的小吃店，成了她的一種員工餐的救贖！

學習評量

1.請問餐飲行銷活動有何特性？

2.國際大飯店的餐飲行銷活動計畫，應包含哪些事項？

3.行銷預算編列的原則為何？

4.試為咖啡廳編製一個年度餐飲行銷活動計畫。

5.近年來，國內消費者喜歡追求所謂「米其林」美食，也有一些國際大飯店的餐廳，邀請國際知名米其林星級主廚前來客座，舉辦所謂「米其林大師美食節」。請問舉辦這種美食節活動可以賺錢嗎？為什麼？

第十五章

資訊系統管理

菜單規劃導入POS+ERP系統

一、前言

21世紀，是網路的世代，不以資通訊科技（ICT, Info-Communication Technology）系統上網經營的企業將難以生存；尤其是服務業。目前世界貿易組織（WTO）的大國互惠已式微，特別是在自由貿易協定（FTA, Free Trade Agreement）與區域貿易協定（RTA, Regional Trade Agreement）之簽署盛行。「貿易自由化」簡而言之即是透過多邊、雙邊與區域之談判，調降關稅和排除非關稅貿易障礙，加強區域與地緣間之貨品、服務、資本和勞動力等，均可以自由移動，達到資源互補、互惠互利。

歐、美、日等先進國家的服務業產值，約占GDP的80%以上，在農（第一產業）、工（第二產業）、商（第三產業）的分類下，先進國家已完成精緻農業，釋出大量農業人口，同時工業自動化與資訊化逐漸成熟，外包與委外作業（Outsourcing & Off-Shore）的策略，使農工多餘人力轉往第三產業，即商貿產業。因此，跟隨已開發國家的腳步，臺灣企業必須轉型往服務業發展。

在服務業自由化的過程中，各國內需市場對外開放的程度越來越大，服務貿易自由化所涉及之範疇將更廣。企業的營運功能必須追隨市場擴張，銷售的主要活動是價值服務，而非僅僅冷僻的價格服務，請詳圖15-1「服務的附加價值」。

POS（Point of Sales）的中文譯名是「門市銷售」。在歐美金融危機後，網際網路對於各種各樣產業的滲透已經越來越明顯，或許該稱POS是「門市銷售服務」（POS, Point of Sales & Services）；另一個涵義是「門市圖存」（POS, Point of Survival）。

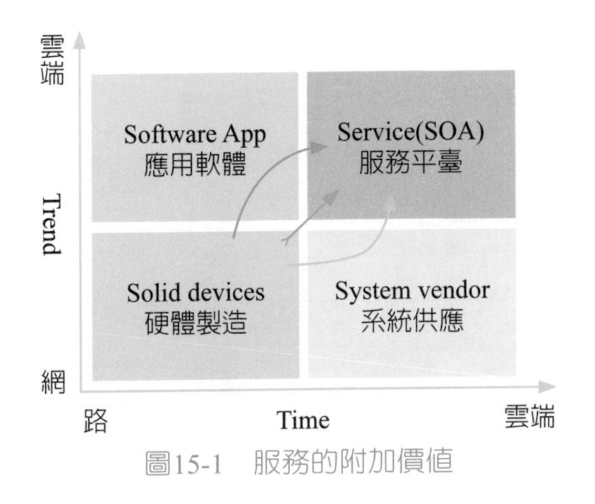

圖15-1　服務的附加價值

二、服務導向的餐飲服務產業經濟

1. 人性化介面設計

「服務經濟」是未來經濟成長之主要動力，以臺灣目前擁有之基礎建設、豐富之知識資源，以及獨立思考與研發創新之能力，必須積極發展高附加價值的知識型服務業，以掌握服務業萌發之商機。這時，POS或可稱爲「門市擴張」（POS, Point of Scale）。

目前餐飲業的前臺系統作業，偏重在進、銷、存的業務，系統簡潔與流程彈性化；這當歸功於軟體工程師，致力於人性化介面互動的構思，如圖45-ICT帶動POS作業系統。尤其將防呆機制（KISS, Keep it Simple & Stupid）與彩圖管理（icon）的設計理念帶入，使人機互動功能大增（GUI, Graphic User Interface）。尤有甚者，以蘋果智慧型裝置的畫面創意和Window 8的堆砌磚，成就服務業POS電子商務前臺管理的新領域，彈跳而出（Pop-Up）的選項畫面，顯示出活潑、親和與方便使用的特色。

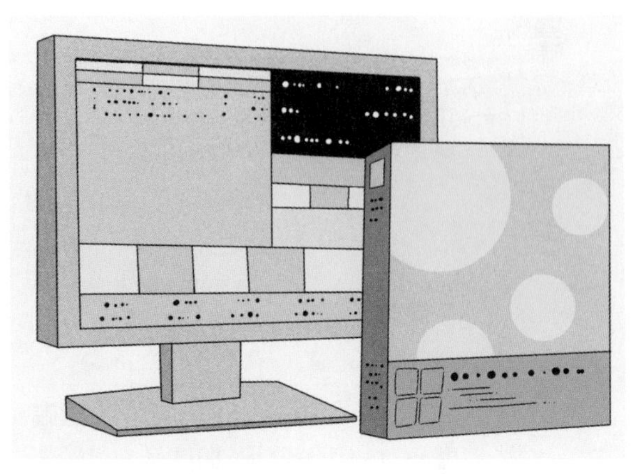

資料來源：www.pointofsaledepot.com

圖15-2　ICT帶動POS作業系統

2.附加價值

另一方面，實體的店頭交易（Brick）稱爲電子商務門市交易，門市交易的程序與流程基於實體活動的行爲較爲寬裕，不似在線（On Line）網路交易繃緊的線性發展。門市交易（POS-Brick）（圖15-3）在電子商務系統的軟體平臺有兩種支援，一種是簡潔的純銷售模組，包括進銷存的買賣商業交易導向模式，或稱「附加價格」軟體，簡稱ePA（e Price-Added Software）。

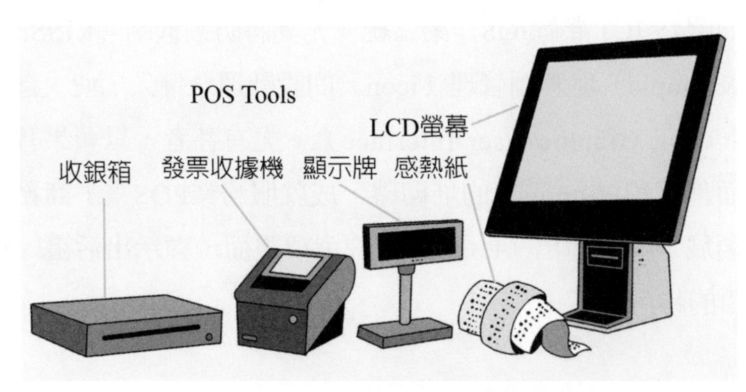

圖15-3　門市銷售POS硬體工具

另一種是ERP製造服務業模組，包括產、銷、人、發、財等整套的產業價值鏈（VC, Value Chain）營運流程導向模式，或稱「附加價值」軟體，簡稱eVA（e Value-Added Software）。

3.生命週期

在餐飲網路交易（POS-Click）組織中，除了美工、攝影、採購、應用軟體服務商（ASV）、網路服務商（ISV）、加盟銀行、物流管理、通路管理、客服管理（CRM）及硬體管理之外，畢竟動態變化的消費者偏好，及市場資源分合，迫使參與業者，必須在產品上不斷地創新與乘勝追擊，繼續保持日新又新的經營態度，才能使未來發展的潛力和「錢景」不可限量。

此外，標準化（Standardization）、標準作業流程（SOP, Standard Operation Procedure）、通路管理（Logistic Management）、前臺服務工作的情境管理（Scenario Management）必須更爲周詳，以及更加具備危機處理（Risk Management）的經驗與能力等，一樣都不能少。因爲餐飲是一種門市交易（POS-Brick），是面對消費者的第一線前臺工作，不像電子商務的網路交易（POS-Click），可以躲在遠端某辦公室使用電話或電郵（e-Mail）來緩衝即時承受的壓力與困窘。

門市銷售（POS-Brick）最典型的模式就是麥當勞漢堡，該公司將乾淨的飲食環境及前後臺資訊管理，自1984年引進臺灣之後，改變了餐飲業發展的衛生水準，與服務導向的趨勢。

如圖15-4「服務導向架構」，從服務流程的發想、服務流程設計、服務流程執行、服務流程規範及服務流程優化，構成服務產業的生命週期。

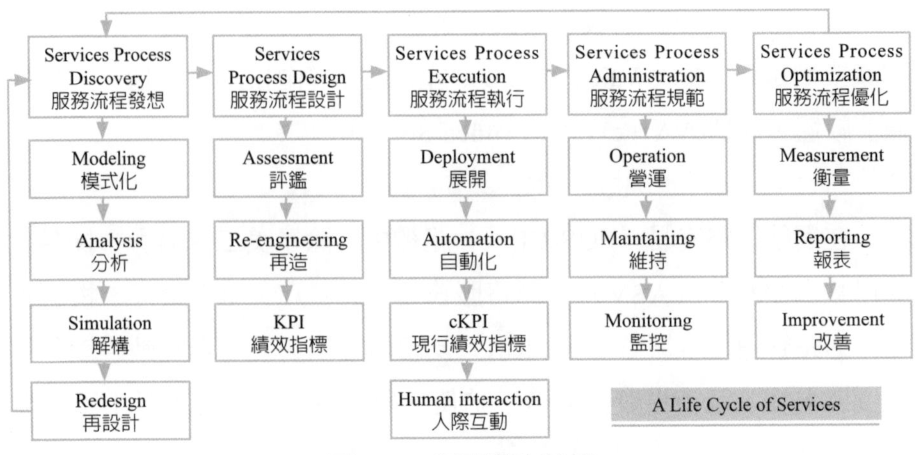

圖15-4　服務導向架構

4.新一代支付工具

簡易、識別與親近的操作畫面（Icon），能讓前臺服務人員將注意力用來服務客戶，輔以行政流程的標準化（SOP），執行交班盤點，維持物流與存貨的流動性與獲利性。並藉由資通訊科技（ICT）的資料採礦（Data Mining），細心分析每日餐飲交易金額的時段和獲利率，以數據引導差異性策略管理（Variance Management），包括顧客性別、年齡、回客率、銷售額、機動採購、淘汰冷門餐點、更新美工設計、布置吸睛廣告、異業合作、爭取授權販賣（Franchisees）、直銷加值商品等等，都是新一代系統的優越功能。

此外，消費付款的革新支付系統——移動支付（Mobile Payments）正在迅速成長，2012年，美國此一市場的價值達6.4億美元，到2016年交易總額將達到622.4億美元。數字市場研究機構eMarketer公司預測，屆時，將有4,810萬美國人會經常使用手機購買商品和服務。「谷歌錢包」（Google Wallet）是一個移動支付系統，包括駕照（Driver License）與實體信用卡功能，將與百事達卡（Master Card）合作在PayPass機器上完成支付作業（資料來源：www.udn.com）。

資料來源：www.advancebusinesscomputing.com.

圖15-5　移動支付

三、雲端POS架構

1.架構說明

POS系統之功能愈趨豐富，其模組是以階層架構（Hierarchical Structure）組成，各階層與區域編碼可以使用MECE規則（MECE, Mutually Exclusive & Collectively Exhaustive）建立的區隔，稱爲「彼此相互獨立，彼此互不遺漏」。此區隔與編碼工具係由麥肯錫公司創立，用於階層建置與訂定編碼規範，這項制度是一個完美無缺的編碼指引。

要將人工作業模式，全面導入POS前後臺電腦化ERP系統作業，除了需要一套適合、穩定的軟硬體系統外，尚須根據業者門市規模及環境架構（圖15-6），擬定一份可實行的POS系統上線導入計畫。透過事前詳細規劃與準備作業，才能在導入上線過程中，不斷對POS系統操作及作業功能的深入了解與熟悉。再進一步協商後，適時地調整實務與電腦流程的配合，以達事半功倍的效益。就POS系統導入後，由輸入→處理→輸出成果，得以印證整體流程的正常與否，以作爲驗收和矯正的參考。

資料來源：www.thecloudcomputingaustralia.com

圖15-6　雲端ERP的POA+SOA架構圖

居於作業系統對操作員工的親和性，因此軟體設計工程師會添購一些繪圖軟體，在人機使用介面上以圖像安排，增加使用功能頁面（首頁）的親近性。創意的首頁功能圖像（Icon）甚至以圖騰或圖片代替文字，給予前臺工作人員莫大的便利，如圖15-7。當然，任何創意必須實用與更新，須兼顧上述原則才是門市交易POS系統建置的基本考量。

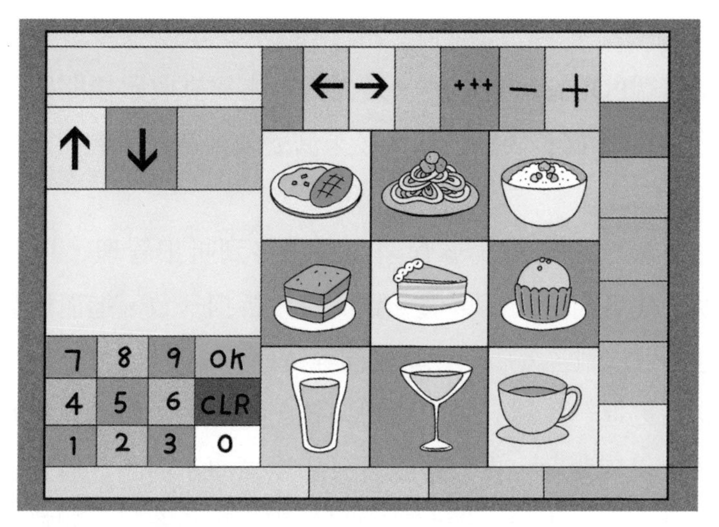

資料來源：www.filetransit.com

圖15-7　POS Panel

POS系統已是門市銷售經營管理的必備工具，其目的就是讓一般門市的管理者及使用人員，不必具備特殊電腦專業知識、不必更改現行有關之作業程序，即可迅速應用POS系統。如圖15-8所示，POS軟體系統已將所有管理流程及銷售策略導入，進而達到節省企業資源、提高營運效益、健全管理制度的標準化和企業e化的目標。

圖15-8　門市人員使用POS系統

2.歷史回顧

回顧雲端POS的演變歷史，是先由單店獨立收銀機開始，如以前Casio收銀機只能擔負收銀動作，後來演變成用電腦單機作業，再演變成連鎖經營模式。

顧名思義，由總部統籌管理商品價格到折扣管理，只要總部做變動，就能使各店之商品單價一致，時段折扣一致，進而用會員卡系統，讓會員可以到各分店消費享受同等待遇。

餐飲業更進一步建立中央廚房系統，把基本菜餚事先做好，或將食材配好打包成套裝，再分送到各分店冷藏庫，等客戶點餐要時，只須做簡單烹調即可出餐。餐飲業受惠於雲端POS系統，如魚得水而敢於大力展店。

3.實務案例

例如85度C品牌先於2004 年導入POS門市收銀系統，使各地分店能即時將最新的資訊傳回總公司。2007年，鑑於POS門市交易的前臺系統，無法統合後臺中央廚房的運作細節，遂進行ERP軟體系統的建置，即POS+ERP。是爲了應付每天即時整合全球營運資料、策略決定與日本富士通合作，導入雲端運算系統，將資料庫的處理端設至總部後臺，免去結帳前臺因資料壅塞造成顧客等待的困擾。

4.績效表現

由於ERP系統建置規劃是後續增加的管理功能，因此ERP系統與POS是採獨立作業，中間予以設立連結系統做資料的轉換。另外，進一步以電腦化方式完成應收帳款模式與會計金流管理系統，把物料和供應鏈管控數據化，節省多餘人力，大幅提高績效。

當POS門市交易歸屬於ERP系統，即顧及前後臺整合全程管理系統。唯有提供詳實財務會計報表的能力，才可鉅細靡遺地陳列所有數據的來源，包括人工成本、管理成本、財稅成本、損益表、資產負

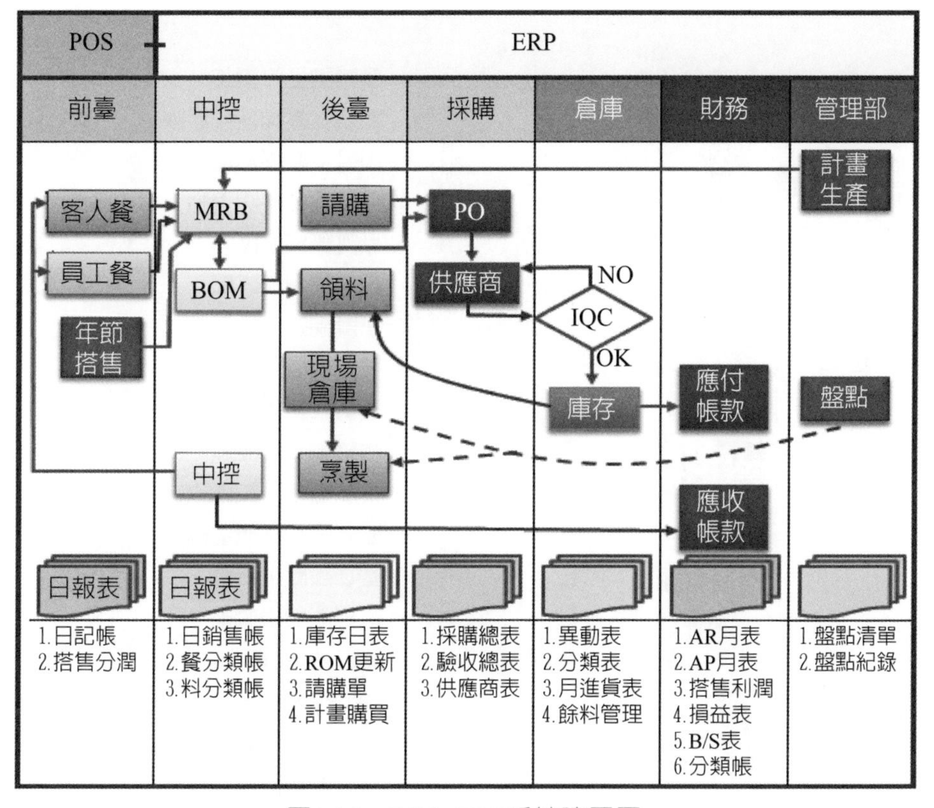

圖15-9　POS+ERP系統建置圖

債表、合併資產負債表、各種適合IFRS制度的財務分析報告，適足以取得上市上櫃的財務簽證審核。事實上，導入ERP系統是因爲可以因應快速展店，如果沒有ERP，會產生很多漏洞，如加班費、產值、產能、良率、不良率、翻桌率、餘料管制、庫存盤點的漏洞。因此，ERP平臺帶動品質穩定、提升良率和穩固整體績效（KPI）。

以ERP系統有效率地進行現金管理，建置正確的會計科目，並引導績效目標值（KPI, Key Performance Indicator）適用於策略規劃，提出例行報表（圖15-10）以符合上述所有項目的績效。如應收帳款周轉率、庫存周轉率等等（表15-1）。

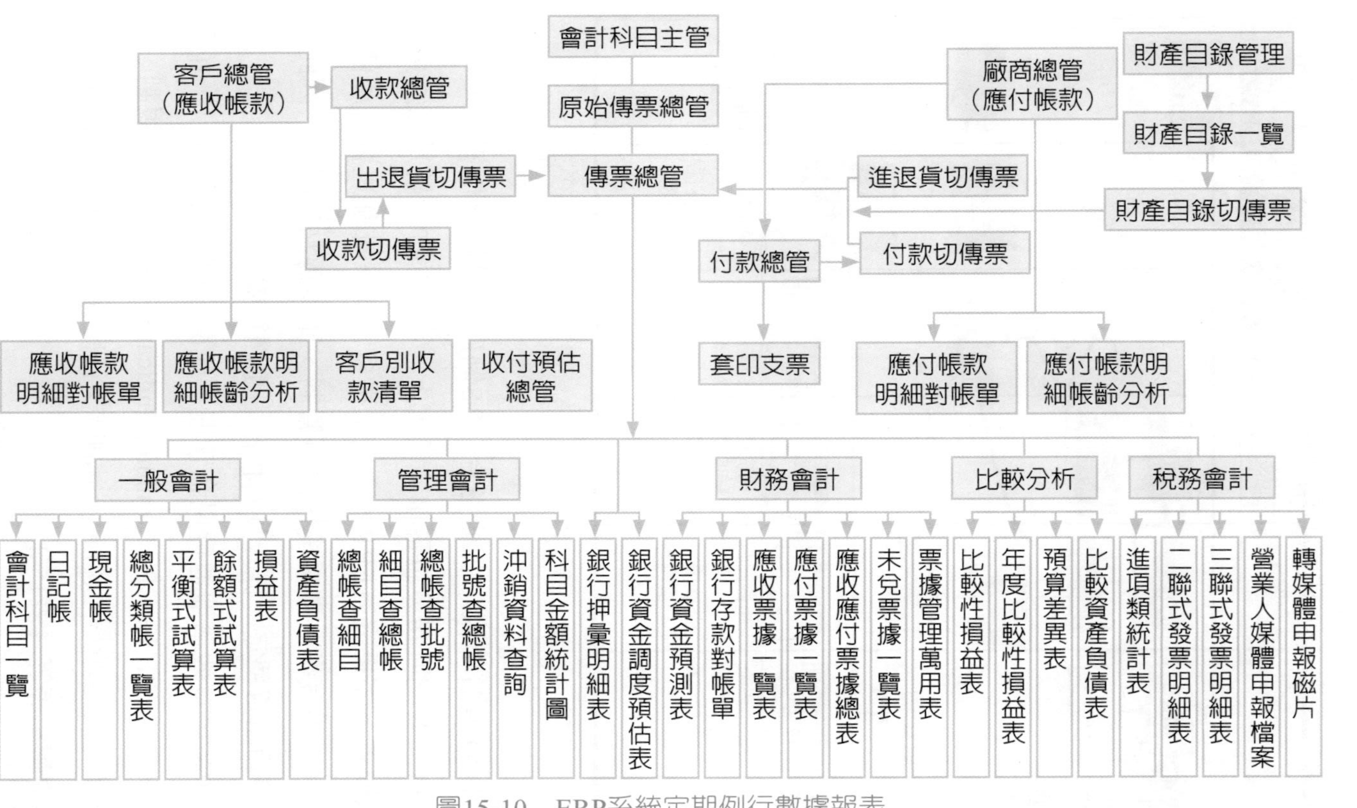

圖15-10　ERP系統定期例行數據報表

表15-1　POS管理的經驗參考KPI值

No	項目	計算公式
1	薪資貢獻率	平均月營業額÷平均月薪工資
2	人員貢獻率	平均月營業額÷平均工作人數
3	營業達成率	平均月營業淨利÷平均月營收×100%
4	每坪效率	平均月營業額÷平均月坪數面積
5	品管績效	平均月賠償金額÷平均月營收
6	翻桌率	平均月來客數÷平均月桌數
7	離職率	平均月離職人數÷平均月在職人數

四、餐飲業管理的需求層次

餐飲業之發展日新月異，在時代的巨輪中快速演進，餐飲的創新、服務的創新、科技的創新，讓餐飲管理的模式，變得更快速，更有效率。尤其在電腦出現之後，資訊管理系統不斷被開發出來，人們也更加依賴這些省時減力的工具了！

目前資訊管理系統為餐飲業量身打造POS系統，功能愈趨強大，茲將七個不同層次的需求，詳述如下：

1.第一層次需求——前臺點菜與收銀及打印發票管理

是屬於店員必須熟習之範疇，含前臺點菜與收銀及打印發票管理；共分前結型與後結型兩種：

(1)前結型：例如像麥當勞或永和豆漿，即為標準的前結型模式，比較簡單。在櫃臺點餐即時結帳付款。好處是先結帳收現，不必管客人桌次座位。客人自己端餐盤找位置。若吃不夠要自己到櫃臺重新排隊再點餐。一般屬速食餐廳，單價較低，要靠量大才能賺錢。

(2)後結型：例如臺塑牛排、青葉臺菜餐廳、大飯店……，都是先引領到桌子坐好，再點菜，吃不夠可繼續加點菜，講究氣氛舒適及享受，但單價高，等吃完再付款。正規的後結型管理，一般需要加上桌次管理，及事先訂位管理。

2.第二個層次需求——後臺經營管理

是屬於店長範疇，包括商品銷售排行榜、時段分析、翻桌率分析、來客數分析。例如，麥當勞之POS系統在後臺管理上，有分析出時段來客數，以便隨時知道每時段甚至與假日或天氣晴雨關聯，預備每店之工讀生作業員人數，供應食材時間及應準備之數量。

又如統一超商之POS系統，在後臺管理上有分析出某時段暢銷商品，以便提前備貨及時運送到各店面。另外，要有各店安全庫存量設定，當各店到達安全庫存時，自動示警到管理者的電腦看板，以便及時補貨。可給經理人員做出經營決策方向依據，更進一步讓經理人可藉此資訊做出行銷決策。何時或何種日子，如週日、假日、節慶，食材應準備增加多少且能有數字依據，以及服務人員應增加多少？用資訊來做決策參考，以取代過去以人治觀念經營。

3.第三個層次需求——後臺食材原材料庫存及採購管理

每一道菜餚銷售數量，使用標準配方表（產業界慣用bom表），倒推出應該使用之食材數量，再用物料需求轉採購食材。中央廚房管理者須先建立標準配方表，再用前臺每日個別銷售商品數量，乘以每一道菜餚之標準配方表，計算出應該耗用掉之食材數量，當作今天應領用材料數量，以便算出原材料庫存量及其成本。

4.第四個層次需求——與後臺財務會計接軌

是屬於財會範疇，每天由財會人員利用銷售前臺上傳之銷售資料，自動切轉傳票，每天可以看到每家店之損益表，並提供集團銷售總監參考，做經營模式之調整。例如：

(1)借現金，貸銷貨收入。

(2)借應收帳款，貸銷貨收入（信用卡）。

(3)借伙食費，貸銷貨成本（員工餐）。

5.第五個層次需求——餐飲業前臺付款

(1)一律結帳即付現金，如飲料店、麥當勞等，多屬速食餐廳。

(2)結帳可付現金、信用卡、儲值卡或優遊卡……。多屬後結型高檔餐廳。

(3)可併桌結帳（Combined Bill）：某一桌付款人可幫另一桌人一起結帳，或拆單（Split Bill）功能可同桌人分別各付各之結帳方式。

6.第六個層次需求——餐飲業有桌次管理，訂桌管理

(1)可先來電訂位保留桌號，到店後點餐。

(2)可併桌或同桌分給多組客戶座位。

7.第七個層次需求——餐飲業外送服務

可分爲下列三種模式。

(1)外送型：是客人電話訂餐，必須先輸入客人名稱、地址、電話，然後等廚房做好，再找外務員送餐到客人地址再收款。

(2)純外帶型：請客人當場點餐付費，再等廚房做好後打包交給客人。

(3)內用加外帶：是客人點餐時吩咐某道菜打包外帶。

五、ERP後臺存貨管理

存貨管理系統與採購、銷售、生產、財務等子系統若有良好的連結，可以從這些子系統中獲取或向這些系統傳輸數據，保持數據的準確性與一致性（圖15-11）。存貨管理經驗模式的累積，便是對於實際風險管理的良性反應，使決策形成與轉化過程，建立常態應變的能力；但變動因素主要取決於外部市場的反應，進而影響每間加盟或直營門市店。

圖15-11　庫存管理數據準確性與一致性

1.存貨之定義

(1)隨時可供銷售的貨品。

(2)尚未生產完成的再製品。

(3)銷售和生產中直接或間接耗用的貨品。

2.存貨之重要性

(1)資產負債表中，存貨占流動資產的比例極高，且易發生重大的錯誤。

(2)存貨價值直接影響銷貨成本及當年度淨利。

(3)因公司的不同，所用評價方法可能不同。

(4)有關存貨項目均有辨認及評價上的問題。

3. 存貨循環之目的

(1)維持適當的存貨數量，以符合消費者的需求。

(2)正確表達庫存貨品的價值。

(3)維護存貨的安全，以防止盜竊或其他損失。

(4)迅速而適當地處理退貨和其他調整事項。

4.營運中心的營運造成客户缺貨的原因分類後歸納如下

(1)訂貨員經驗不足造成備貨量過低。

(2)客戶端訂單變化過大，即時性反應不及。

(3)庫存準備過於保守，造成短暫銜接不上。

(4)物流中心揀貨錯誤、放置失當，造成客戶缺貨。

(5)對品質驗收標準不一，增加供應商管理成本。

六、ERP與中央廚房

1.中央廚房的特性

中央廚房（Central Kitchen）是餐飲製造業的一種，泛指在單一用餐時間裡，產能可以提供一千人份以上餐點，或著是同時可以提供不同地點二處或者二處以上餐飲場所之熟食供應，或是製造僅須簡易加熱之預製食材（Ready-Made Food）業者。

中央廚房有其實務上的特點，分述如下：

(1)可以集中運用資源，透過大量採購和集中烹調處理，使成本降低。

(2)可以同時使用在個別供應餐點的場所，不必在其廚房維持大量人力配置。

(3)可以在食品的安全性有一定的把關效果。

(4)由於大量製造，有些對於口感挑剔的人，可能不會認爲美味。

2.競爭優勢

居於管理成本考量，將餐飲製造組織資源分爲三類：即實體資本資源（Physical Capital Resource）、人力資本資源（Human Capital Resource）、組織資本資源（Organization Capital Resource）。

其立論奠基於VRIO架構（VRIO Framework），是以資源基礎理論平臺來分析組織的價值活動，檢視價值活動如何影響組織的競爭力。組織資源包含有形與無形資產，應具備下列四種特性：

(1)價值性（Value）

⑵稀有性（Rarity）

⑶可模仿性（Inimitability）

⑷組織性（Organization）

此上述四種特性，可以累積與培養，並形成長期且持續的競爭優勢（圖15-12）。

圖15-12　中央廚房設置

3.關鍵因子

ERP系統在貫穿中央廚房運作之關鍵因子，可分二部分敘述：縱軸與橫軸。

⑴座標縱軸在於垂直整合製造、庫存與物流作業管理；僅有POS的進銷存系統，會產生後臺作業流程許多漏洞，例如加班費、產值、產能、閒置工時、重工、良率與不良率的漏洞。因此，ERP系統精緻的管理效用，可以使管理品質穩定、提升良率，以及降低成本。

⑵座標橫軸方面，必須使用臺灣資通訊科技（ICT, Info-Communication Technology）的優點，在水平分工上以POS+ERP系統，扮演統籌資訊分享中樞（Hub）的角色。資訊分享可從下

列六個構面來進行評估，分別是：

① 資訊系統能力

② 資訊系統整合程度

③ 資訊分享的廣度

④ 資訊分享的深度

⑤ 資訊品質

⑥ 資訊安全

POS系統加入ERP系統，可以讓整個大型連鎖餐飲企業事半功倍，從菜單規劃設計開始、標準配方表的建置、成本分析與定價、採購規格與採購作業流程的制定，一直到生產的標準化，以現今資訊與網路的時代而言，勢在必行。

七、結論

智慧行動裝置當道，門市餐飲如何運用App、QR code、互動廣告、擴增實境（AR, Augmented Reality）等技術與POS系統結合成爲吸睛關鍵，連結創意與良好的操作介面，未來預期將有更多虛實整合的應用。

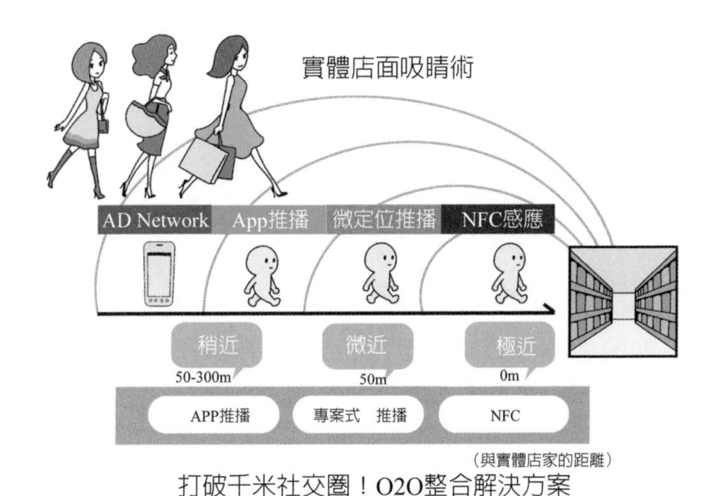

圖15-13 虛實整合方案

無論實體或是網路店家，抓住消費者的喜好永遠是成功因素，社交和通訊平臺提供更多機會接觸目標客群，更能貼近消費者的需求，因此，須刺激消費者的購物體驗和建構忠誠度。展望未來，手機與智慧型移動裝置儼然成爲消費者生活中的遙控器，企業須透過完善的線上購物機制、量身打造的促銷方案、安全的付款機制和合理價格來吸引消費者，以建立顧客對品牌和服務的口碑與信心。

B-story-15

有趣的菜單

一個日麗風和的假日午後，Batty經過一家頗有人文氣息的餐廳，出於職業的習慣，雖然已經用過午餐，仍然駐足瀏覽了一番。這家餐廳裝潢得帶有復古風，揉入一些文藝復興的氛圍。放在門口的菜單初看以為是做西餐料理，可是仔細一看不禁有些忍俊不住了。原來這家餐廳是供應中式料理，但是以西式手法擺盤與供餐，最大差異在於菜單的菜名都是用西餐主菜的命名方式處理，例如常見的西餐料理菜名：炭烤美國肋眼牛排佐松露紅酒醬汁、嫩煎加拿大野鮭佐白酒荷蘭嗲沙司；只見菜單上長長的菜名卻不知是哪一道料理，範例如下：

1. 嫩煎牡蠣蔬菜蛋汁佐香辣茄汁
2. 家鄉味燉肉末佐青蔬細麵
3. 臺式傳統手醃蘿蔔乾煎雞蛋
4. 清燉古早味手工牛肉丸子佐白菜
5. 酥炸發酵豆腐佐臺式泡菜
6. 陳抽慢燉五花肉飯佐黃蘿蔔附滷蛋
7. 鄉村風粉絲炒碎肉佐豆瓣醬

8.甕燉魚翅排骨芋頭鴿蛋時蔬百匯

9.羅勒風味辣炒海瓜子

10.大茴香豆蔻甘草慢燉風味蛋

11.臺灣原味九香土雞肉佐薑糖

經過一番細細研究，這些眼花撩亂的菜名開始有了聚焦，原來

1.嫩煎牡蠣蔬菜蛋汁佐香辣茄汁——即「蚵仔煎」

2.家鄉味燉肉末佐青蔬細麵——即「陽春麵」

3.台式傳統手醃蘿蔔乾煎雞蛋——即「菜脯蛋」

4.清燉古早味手工牛肉丸子佐白菜——即「紅燒獅子頭」

5.酥炸發酵豆腐佐台式泡菜——即「臭豆腐」

6.陳抽慢燉五花肉飯佐黃蘿蔔附滷蛋——即「滷肉飯」

7.鄉村風粉絲炒碎肉佐豆瓣醬——即「螞蟻上樹」

8.甕燉魚翅排骨芋頭鴿蛋時蔬百匯——即「佛跳牆」

9.羅勒風味辣炒海瓜子——即「炒海瓜子」

10.大茴香豆蔻甘草慢燉風味蛋——即「滷蛋」

11.臺灣原味麻油九香土雞肉佐薑糖——即「三杯雞」

真好玩啊，或許這家餐廳因為外國客人較多，所以中英對照的菜單以直譯法來設計，帶一點文創的感覺，是想以差異化的做法，引起話題來加值行銷吧！Betty也試著玩一下創意，於是她想：如果是「紅豆餅」的話，要如何命名呢？最後她決定用這個名稱：法式焗烤奶油餅佐相思豆泥。

學習評量

1.請畫出服務導向架構圖。

2.請就你的觀點敘述移動支付的未來發展。

3.請說明企業e化與POS系統之間的關聯。

4. 請畫出POS+ERP系統建置圖。

5. 請說明前臺點菜與收銀管理之兩種類型——前結型與後結型。

6. 請說明何為BOM表。

7. 請說明存貨的重要性。

8. 請說明中央廚房實務上的特點。

9. 請說明ERP系統在貫穿中央廚房運作之關鍵因子。

第十六章
結論

一、餐廳之眼

中國有一句成語「畫龍點睛」，在說明一件重要之事的重要之點。菜單就像餐廳的重要之事──料理餐點的重要之點，她是餐廳之眼，顧客透過她來看餐廳的全貌。她又像一位溫柔的女主人，娓娓道出每一道餐點的特色與故事，顧客滿心期待地接受她的推薦。

餐廳的餐點料理不像一般貨品，可以事先做好上架販售，它要等客人點好餐之後，廚房才開始製備烹調，需要時間去完成。某些高級餐廳一餐的用餐時間長達三四個小時，是因爲所有的餐點都是現場準備的，並且做工細緻費時。像這種餐廳通常都是高消費，強調精緻細膩的菜色與服務，用餐期間也需要搭配不同的酒款，菜餚一道一道慢慢出，客人要能以期待的心情，慢慢享用美食與美酒。這時一份有設計質感的菜單與酒單，才能襯托出這家餐廳的優越品質。

二、演進中的聖杯

菜單是餐廳中的聖杯，她背負著企業的營運使命，不斷地向顧客介紹餐廳的產品，不改初衷，臉色永遠溫和誠懇。時代是一個巨輪，前進的同時也將陳舊退步的東西拋在後面，尤其當你無法跟上時代的腳步時，蒙塵的倉庫必將有你的角落。因此，菜單必然需要跟隨時代而演進。菜單是爲了產品而設計存在，商品必須經過良好的包裝才能賣得好，餐廳的餐點也是要經過專業的設計才有質感，菜單擔負著如此的功能，所有餐廳的產品經過菜單的包裝後，都呈現出最佳的一面。

時代不斷在進步，許多事物也持續在改變它的樣貌，改變得更加豐富與美好，而這一切改變，是因爲人類的需求。當人們越來越富有，對於享受這件事，就有其需求。餐飲服務也跟隨時代的腳步前進，客人對於菜單的這份期待，也永遠都存在。

三、菜單的進化

菜單從廚師的備忘錄，慢慢演進到主人家的食單，再進而成爲顧客的選擇清單，這一路走來，自有它的軌跡可循。或許有一天菜單將變成客人的備忘錄，即是由客人開出菜單，由餐廳承接，餐廳根據客人定義的菜單，製作出符合客人需求的餐點。菜單的主動性已經由餐飲業者，轉移到客人身上了！

多年前H飯店就曾經有一個案例，有一群客人經常光顧，但是因著他們的重要人物（他們稱之爲某某老師）之故，每次都會要求以某特殊食材做出特別的料理，不在乎價格，只要能符合老師的期待。持續很長一段時間，幾乎每一個月都會來一次，每次的要求都不同，這讓餐廳與廚房都不斷在挖空心思，構思如何有新的突破。其後，有一次更是一個挑戰，他們要求飯店餐廳自行開立新的菜式，但不可以是目前菜單上的菜餚，也不可以是之前出現過的菜色，而且須符合往例養生健康。最後，他們通過了挑戰，客人很滿意並且給了不錯的小費。事實上，這個案例眞正受益的是餐廳本身。

四、菜單之菜名研究

1.中菜菜名英譯

在國際化的情況下，爲了迎接更多的外國客人，菜單的製作就有必要呈現中英對照。但是，中餐料理博大精深，如何用精確的文字，呈現最佳的翻譯，做到信雅達的境界，這就有努力的空間。

茲列舉一些著名的中菜之英文翻譯菜名，以供參考：

富貴火腿：Honey Ham in Steam Bread

富貴雙方：Honey Ham with crispy layers cake in Steam Bread

西湖醋魚：Shi-Hu Style Vinegar Fish

叫化雞：Vagabond Chicken

烤乳豬：Roasted Suckling Pig

東坡肉：Braised Dongpo Pork

蠔皇鮑脯：Braised Sliced Abalone in Oyster Sauce

宮保雞丁：Kung Pao Chicken

掛爐烤鴨：Roasted Crispy Duck

高湯燉官燕：Stewed Bird's Nest

上湯魚翅：Shark's Fin in Chicken Broth

糖醋肉：Sweet and Sour Pork

2.西式菜單之中文翻譯

爲了吸引及尊重當地客人，一般西餐廳的菜單都是採用中文翻譯及對照方式呈現，所以會有中法、中義、中西等不同國家的菜色。西方的料理在本地需要用貼切的文字做翻譯，客人才能了解其中的意義，只是有些專有名詞，若是精確地介紹，必然造成菜名太冗長，因此，某些名稱會用音譯方式處理。中西方的烹飪手法不同，其名稱也有差異，但須盡可能將菜名表現得正確優雅。茲舉一些範例如下：

Burgundy Escargot with Herb 勃艮地烤田螺

Pan-fried Foie Gras with Balsamico 嫩煎鴨肝佐義大利陳醋

Beef Consommé 牛肉清湯

Caesar Salad 凱撒沙拉

Grilled Lobster with Saffron Sauce 焗烤龍蝦佐番紅花醬汁

French Poussin Stuffed with Foie Gras and Morel Sauce
法式春雞鴨肝松露佐羊肚菌醬汁

Fruit Sabayon 水果沙巴翁

Red Snapper a la Meunier 麥年式煎紅魚

Frilled Lamb Loin with Madeira Sauce 炭烤羊排佐馬德拉醬汁

Crab Croquette 可樂餅

Mushed Potato 洋芋泥

Poached Egg 水波蛋

Grilled Sirloin Steak with Red wine Gravy

沙朗牛排佐紅酒牛肉原汁

Grilled U.S. Tenderloin with Truffle Sauce

碳烤菲力牛排佐松露醬

Ratatuille 茄汁燉蔬

Italian Minestrone 義式蔬菜湯

3.有趣的中式菜名之西式翻譯法

臺北某家中式餐廳曾經以西餐的命名方式，替所有的菜單取了長長的菜名，乍看之下，還以爲是西餐廳，仔細一看，才知道是中餐廳，那有趣的菜名，讓人不禁莞爾。茲列舉一些菜名，以作爲紀念：

京都排骨：京都紅汁悶燒豬肋排佐香菜

菜脯蛋：家鄉味醃漬銀蘿蔥花烘蛋餅

佛跳牆：名家清燉子鮑魚翅栗子排骨佐高湯

車輪餅：法式焗烤奶油餅佐相思豆泥

滷蛋：傳統古早味五香精燉雞蛋

陽春麵：地方風味清湯細麵佐肉末

蔥油餅：鐵盤風嫩煎蔥花油餅

蝦仁滑蛋：草蝦仁清炒細嫩土雞蛋佐青蔥

圖16-1 傳統美食

B-story-16

迎向另一個山頭

Betty負責KK-Bakery也又經二年多了，從前一階段的Bus stop，到KK-Bakery，這四年多她為自己及飯店立下良好的標竿。飯店是一個需要高度團隊合作的服務業，尤其是面對顧客的服務人員，若沒有其他單位的支持與配合，是無法做到顧客滿意的。Betty深刻地了解這點，總是以最誠懇的態度與他部門及不同單位溝通與合作，遇到困難時，也是盡力溝通協調，讓每一個對口單位的同仁，感受到她的誠懇，並在公司的利益前提下，願意多多配合，這也讓她在推展新的計畫時，能一路順暢，得到優秀的成績。

「將榮耀歸於他人。」這也是她另一個座右銘。

業績的成長是因為產品品質做得好，是廚房師傅們的功勞，這一路走來，她不曾居功，也不敢居功，主要是她的老師的提醒。大學的班導張老師，在畢業餐會時，特別講了一個故事，這個故事她一直記得很清楚，後來印證在工作上時，她發現人際溝通的金鑰匙，就是不居功。她也一直善用這把金鑰匙，讓她在職場上總能得到同事的協助，一個小菜鳥，不到二年就升任領班，後來又被看重溝通的能力，擔任Bus stop的店長，以及後來的KK-Bakery的店長，這若不是能與大家一同努力的話，是得不到大家的支持，品質也無法維持，服務也不能提升。

不久之前，咖啡廳經理退休了，經理的職位由副理艾琳升任，副理的職位就空出來了。大家一直在猜測會由誰遞補，會是兩個主任中的一個嗎？

餐飲部協理Joe在一次月例會中，宣布了人事異動方案，KK-Bakery店長由咖啡廳主任Windy接任，原店長Betty升任咖啡廳副理。針對這項異動，Betty似乎有些不捨，但是鳳還巢好像也不錯，而且這是一次Promotion。

深深吸口氣，她又將迎向另一個山頭。

特別篇

我的印度婚禮

廚房裡，熱氣蒸騰。

娜妲爾專注地將眼前看得見的浮渣仔細濾掉，把整隻食之無味的雞拿出，只留下淡黃色清澈的高湯。

洋蔥用奶油炒至透明，然後下雞肉，加入高湯，調味，再放入兩根肉桂。不久便可聞到肉桂纏綿的香氣慢慢溢出，淡淡的，並不強烈，但卻叫人無法忽視。娜妲爾深深吸了一口氣，微微一笑，將整鍋湯移到桌上的電磁爐保溫。

瓦斯爐上另一鍋番茄湯只用水和番茄熬到酥融，皮與籽濾掉，娜妲爾放入她昨日就已磨好的印度綜合香料，裡面有一大匙的荳蔻籽，2吋的肉桂枝，茴香籽、丁香、胡椒粒各一小匙以及1/4的肉豆蔻。印度家家戶戶有自己的祖傳香料配方，但這裡她只是用了基礎的幾種，怕臺灣人不習慣太複雜的味道。儘管如此，大量的芫荽還是不可少，她嘗了嘗味道，微微的辣，又香又酸，滿意地點點頭，最後做了些許調味，才放到桌上另一臺電磁爐保溫。

娜妲爾伸了伸手臂，忙了一上午，連午餐也是隨便吃兩口就應付了事，到了下午體力開始走下坡，這時候她特別渴望來杯香濃馥郁的瑪薩拉奶茶。

心裡還沒想完，身體已經開始有了動作，等鍋裡的牛奶開始冒泡就將香料倒進鍋裡，最後放進茶葉再煮一下，過濾完就成了。

娜妲爾從櫥櫃拿出方糖罐，輕輕拈了兩顆放入杯中，躊躇了一下，把第三顆放進去，一邊攪拌一邊想起理查第一次喝馬薩拉奶茶時的表情。

理查是個廚師。

他跟她，第一次見面，是在民族所。

娜妲爾的父親柯里希是個印度學者，受中央研究院的邀請而來到臺灣，全家便一起過來生活，因此幾年下來她在臺灣念書、工作，慢慢融入臺灣的生活。

父親的個性古怪，不善交際，因此朋友不多，但他在中研院卻交到一個氣味相投、在民族所當副研究員，是研究文化與歷史人類學的李教授。李教授某天來到家中，有事請求娜妲爾的母親艾南雅。

那是個關於臺灣與印度文化交流的展覽，為讓民眾提起興趣，舉辦餐會是最好的方式，因此需要會做印度菜的人來幫忙，讓普羅大眾能透過印度料理來貼近印度文化。

這個角色非母親莫屬，娜妲爾心想。雖然母親只是個家庭主婦，但手藝非常高超，若非傳統觀念束縛，母親大概會成為大廚吧。她還記得小時候母親自己做各樣點心，守著糖蜜慢慢融化成液狀的模樣，廚房裡充滿著焦糖的甜蜜芬芳。期間將各類堅果烤好、去殼，放在大鐵盤上灑上玫瑰花瓣和酥油拌勻，再把煮好的糖漿倒入鐵盤，堅果便自己浮上表面散開，最後等它冷卻就成了太妃糖。她總是像隻等待吃飯的小狗繞著桌子跑來跑去並心急地探頭看好了沒。

母親很高興自己的手藝能被欣賞，隔天得到父親的允許後便立刻著手規劃菜單，並吩咐娜妲爾走一趟去教授那裡拿交流餐會的資料。時值梅雨季，又濕又熱，娜妲爾只想在沙發上把自己懶成一塊豆腐。

但從母親無庸置疑的口氣和眼神攻擊下，她知道自己沒有辯駁的餘地，嘆了口氣，認命地穿上風衣，套上雨鞋，隨手抓了把傘就進入綿綿細雨中。

從中研院最裡面的側門進去，看到紅磚與白牆的古樸建築，就是民族所了。娜妲爾走到辦公室門口敲了敲門。「李教授，不好意思，我來拿交流展的資料。」無人回應。她又敲了一次，然後開門進去，從一堆書籍與影印資料中找到教授。

「噢，娜妲爾妳來了！」李教授抓了抓頭，「抱歉我讀得太認真了，沒注意到妳。」

「沒關係，我母親說要來跟你拿餐會的資料……」

「啊，我找找，對了，我還要跟妳介紹一個人……」教授一邊翻箱倒櫃一邊說著。

「我跟他也約今天，就想說順便介紹你們認識，奇怪，怎麼還沒出現……」

娜妲爾聳聳肩，認識教授這麼久，果然老樣子，東西都亂丟，就在她耐心快用盡，決定親自下海尋找的時候，兩個聲音同時響起：

「找到了！」「抱歉，我來遲了！」

娜妲爾朝門口看去，只見一青年全身濕淋淋地站在門口，髮尾因水氣而微捲，身上的白襯衫透著水漬，口氣有些喘，看來是跑過來的。

「抱歉，想說毛毛雨就懶得帶傘，結果突然下起大雨，就遲了一些。」

「哈哈哈，的確是像你會做的事！」教授轉過身，將找到的資料拿給娜妲爾，順便介紹兩人

「娜妲爾，這是理查。理查，這是娜妲爾。」

「娜妲爾的母親將是這次交流餐會的主廚，理查是這次餐會的負責人，有什麼意見和問題就一起討論吧，你們好好聊聊。」教

授一口氣介紹完，並把兩人往門外帶，「那我要繼續研究了，先這樣，祝兩位有個美好的午後。」說完就把門關上，留下面面相覷的兩人。

「呃……嗨，妳好，我是理查。」理查下意識用右手在褲子上摩擦兩下，想說把手擦乾比較不失禮，卻忘了自己的褲子也是濕的，伸到一半的手一下進入進退兩難的狀態。

娜妲爾看到理查這身狼狽的模樣不禁笑了出來。「沒關係，再這樣下去會著涼的，你跟我來吧。」

她輕車熟路地領著理查到一樓的廚房，示意他坐下，從架上拿了幾條晾乾的毛巾給他，囑咐他盡量擦乾，就轉身繼續忙了。這時間煮杯瑪薩拉奶茶剛好。

理查愣愣地照娜妲爾的話做，然後一邊看著她像跳舞般優雅地在廚房間穿梭。娜妲爾從櫃子拿出一個小小的琺瑯鍋，一半牛奶一半水，燒滾後，將拍碎的小荳蔻、薑末、丁香、八角、肉桂與肉豆蔻放入，再放幾撮碎茶葉下去，轉小火，等煮得差不多時，放糖調味，倒出時用濾網過濾，就是一杯好奶茶了。

杯子與小湯匙的輕微碰撞聲讓理查回神，只見娜妲爾用個大托盤端了一套白底鑲金邊的茶壺、茶杯、小盤子過來，旁邊擱著一罐鸚鵡牌蔗糖。

「不知道你喜歡的口味如何，我將味道煮淡一點，你喝喝看。」娜妲爾說完咻咻咻地丟了幾顆不規則形狀的蔗糖進去自己的杯子，印度人嗜甜，她可不例外。

理查看著眼前的液體，外觀就像普通的奶茶，他先聞了聞，滾燙的奶茶散發濃郁的白煙，喝一口，薑的微辣讓他整個味蕾突然都甦醒過來，他平時敬而遠之的肉桂味，在這茶中卻融合得甘醇甜美，異香異氣，一點也不討厭，芬芳過後，只在舌尖上留下一點兒微微的酸澀。他雙手捧著杯子，覺得身體漸漸暖和起來，滿足得簡直要嘆氣。

幾句閒聊之後，理查對娜妲爾有了初步的認識。娜妲爾的父親平時常常來找教授聊天，母親偶爾會讓她送些點心過來，再煮些飲料，因此廚房中常備著茶葉與香料。

「原來妳在臺灣念書、工作這麼久了！難怪中文這麼好！」

「尼好，窩是陰督人。」娜妲爾怪聲怪調地模仿外國口音，將理查逗得哈哈大笑。

「你是做什麼工作的？」娜妲爾問。

理查聳聳肩。「噢，我是飯店西餐的領班，但我也滿喜歡做菜的。」

「真的嗎？我也喜歡做菜。」她微笑。

「那麼，這次的餐會是妳負責下廚囉？」理查瞅著她道。

娜妲爾失笑。「我？怎麼可能，我只是個銀行的小職員而已，真正的廚師是我媽。」她邊收拾桌上東西邊回答理查，「她今天不舒服，所以我來幫她跟教授拿資料，那等我媽訂好菜單，我會再拿給教授，請他轉交給你。」

娜妲爾轉身到窗戶察看外面的狀況。「雨似乎停了，我們趁現在快點走吧！」

「對了，很高興認識你。」

理查看娜妲爾準備離開，鼓起勇氣說：「我們還可以見面嗎？」

娜妲爾停下來看向理查，一臉驚訝。

「呃……我是說，還是不要麻煩教授，直接將菜單給我吧！妳也知道教授那個人三不五時就去實地訪查，撲空的機率很高！為了不要浪費時間，這樣對妳我都好……」

理查連珠炮似地說完，幾乎有點語無倫次起來，

這是在約她嗎？她不是很確定，也許她誤會了他的意思。娜妲

爾睜大眼睛直盯著理查漲得通紅的臉。

「還有就是我想要謝謝妳的奶茶！很好喝，真的！所以下次妳願意讓我請妳喝杯咖啡嗎？」理查尷尬地搔搔頭髮。

噢，好吧，真的是在約她。娜妲爾眨了眨眼，再看他這樣手足無措下去，她都要於心不忍了。

「當然好啊，有人請客求之不得呢！」沒忍住笑意，娜妲爾丟給理查一個微笑。

機不可失！理查拿出名片盒，遞了一張給她，又拿出手機詢問了娜妲爾的電話。之後兩人一起並肩走了一段路，約好下次的時間地點。

「啊！綠燈要沒了，我先走了，掰掰！」娜妲爾往前小跑步又回頭對理查揮了揮手。

理查目送她離去時長髮飄逸的背影，心裡感到一點失落，但想起約定又開心得轉身比出超人的姿勢跳起來。

娜妲爾回頭看時正好看見理查像小孩子般的跳躍動作，不禁笑出來，心想真是個有趣的人。

****

理查是一名西餐廚師。

他在KK國際大飯店擔任西廚房的領班，廚藝算不上頂尖，但有他獨特的地方；也曾受朋友所託在學校教授西餐料理，人緣頗佳。

理查生活作息規律，平時的愛好除了料理就是四處嘗鮮，他學西餐已經十多年了，卻沒有那種瞧不起其他民族料理的態度，反而積極追求各種創意的可能。

這次中研院民族所舉辦的印度文化交流展，其中印度美食部分請KK大飯店前去負責外燴。主廚接到通知後，腦中第一個跳出的人選就是理查，來負責這次的活動，因為去年飯店有舉辦過一場「印度美食節」，專程請了印度的廚師前來客座，當時理查就積極爭取主辦人的位置，二星期的活動都由他全程搭配，而最後呈現的效果讓高層及印度嘉賓皆非常滿意。有此次經驗，相信活動一定會非常順利。

理查對這次的餐會也相當興奮，知道消息的那天就著手列了幾張菜單，但李教授卻讓他不要這麼激動，因為這次印度文化交流的主題是「南印」的文化風俗美食，與一般大眾所知的印度菜不同，希望請真正在地的人來參與這次的餐點，所以才請他來一起討論。

繼上次在研究所辦公室的短暫會面，這次的見面地點選在中研院活動中心裡的咖啡廳，李教授邀請了印度研究員柯里希來，還有娜妲爾。李教授向理查解釋，其實本來是邀請柯里希的夫人，也就是娜妲爾的母親艾南雅來的，但不巧艾南雅的五十肩犯了，只好請女兒代替她來。

「我的手藝還不到家，請多多包涵。」娜妲爾微微欠身致歉。心裡直嘀咕本來是代替的，現在卻真的要趕鴨子上架了。抬頭看到理查的眼睛衝著她閃閃發亮，不知不覺放鬆了一點。

「哎呀娜妲爾，妳的手藝我試過，沒問題的，妳要對自己有信心一點！」李教授笑呵呵表示。

其實，理查並不清楚北印與南印有什麼不同，以咖哩瑪莎拉為主的料理，不管海鮮、肉類、蔬菜似乎差異不大。但是，當他第一次品嘗KK印度飯店的主廚納亞（Nayar）的料理時，被感動了，那濃郁豐富的醬汁，將羊肉扎實的細膩做了不同的詮釋，具有層次感的風味在不斷咀嚼中，一次次地衝擊著味蕾。

經過一番介紹，首先，理查了解到印度的地理位置，其次，各地飲食有些不同，宗教信仰也有差異，這些不是只看了些印度影片就可以了解的。北印度的宗教信仰以印度教及伊斯蘭教為主，南印則以印度教及佛教為多，但是這個發源於印度的佛教，在印度反而占少數。飲食上，北印以麵食居多，南印則以米食為主。喀拉拉邦位於印度最南端的西邊，是印度的魚米之鄉，水渠縱橫，盛產椰子、水稻、甘蔗、橡膠、咖啡、茶葉、花生、香蕉、豆蔻等。漁業發達，魚的產量居各邦首位，因此魚料理特別多。此外，南印的人膚色較深，稍有別於北印。

喀拉拉邦的烹飪風格是多元的，從地理與歷史的觀點來看，受到佛教的影響深遠，蔬食主義是重要的發展。娜達爾向理查說明道，傳統有所謂「阿南沙得亞」（Onam Sadya）的儀式性大餐，是一種根源於「阿育吠陀式」的飲食遺風。菜單內容是香蕉葉上放著各種咖哩調理的食物，由左到右依其辣度排列擺放，並附有白米飯。現在一般餐廳所提供的塔哩（Thali），就類似定食的做法，內容如上所述。比較起來，南印度素食人口較多，但是口味上，卻較重。

理查問娜妲爾「瑪莎拉（Masala）」代表的意義，娜妲爾說：「Masala是一種綜合香料，以小茴香、黑胡椒粒、肉桂、丁香、肉豆蔻、荳蔻、香菜籽等混合研磨成，每家有其獨特的調配法，配方各自不同。有些家裡會有數種不同的Masala來烹調不同的食材。」

喀拉拉的瑪莎拉（Kerala Masala）烹調手法，是以椰子為其中的主要角色做成，所以風味濃郁又有椰奶的香氣，是很受喜歡的料理。目前多數人家的飲食烹調，以海鮮居多，因為喀拉拉邦面海（阿拉伯海），河川湖泊眾多，所以水產類相當豐富，肉品則以羊肉、雞鴨肉最普遍。

「嗯……具體來說，」娜妲爾頓了一下，思考用什麼例子會比較清楚。「南印與泰國的口味最為接近，馬來西亞的飲食也受到南印度的影響深。」

此外，在甜點部分，喀拉拉（Kerala）則以各種米製的甜食最為出名，其中米布丁Kheer，是以米加入牛奶、肉桂、葡萄乾、杏仁、純奶油、番紅花等煮成的甜點，放冷之後切片吃，相當好吃。

這道甜點理查倒是做過，他很興奮地說：「這個我知道！我有做過！上次印度美食節食，我們印度主廚做了多種米布丁，顏色五彩繽紛，口味很不錯呢！我後來將手法運用在外來法式點心Puff Pastry，做成各種酥皮的甜點，客人都滿喜歡的。」

理查一口氣連珠炮似地說了這麼多，娜妲爾聽得一愣一愣的。

李教授哈哈大笑：「理查呀，你說這麼多也沒用，東西沒見著不算數啊！」

理查有些小尷尬，但還是很快地回覆：「那是當然，之後請娜妲爾小姐與柯里希先生務必賞光，來我們KK飯店，我請客。」

會議過後，透過幾次電子郵件往返，菜單已大致確定，連同做法都有詳細的介紹，現在要做的就是試做樣本，其中有幾種食材、香料將由娜妲爾提供。經過確認的菜單如下：

Menu

Cold Items：

- ✧ Indian Greens 田園時蔬沙拉
- ✧ Kuchember Sambol 小黃瓜沙拉
- ✧ Matter Chat 涼拌子沙拉
- ✧ Pickled Oranges 醃柳橙
- ✧ Fish Bhurta 柏塔式魚凍
- ✧ Potato and Onion Raeta 洋芋雷塔洋蔥
- ✧ Pumpkin Curry 西葫蘆咖哩

Hot Dishes：

- ✧ Chicken Tikka Masala 炭烤雞塊瑪莎拉咖哩
- ✧ Tamarind Fish 羅望子魚料理

✧ Murgh Lababd 香草奶油雞

✧ Shrimp Madras 椰香蝦仁

✧ Duck Curry 咖哩鴨

✧ Fish Butter Masala 瑪莎拉奶油魚

✧ Rogan Josh 蘿甘香料羊肉

✧ Aloo Methi 香料馬鈴薯

✧ Yellow Rice 香黃飯

✧ Pongal 龐高爾

Soup：

✧ Seafood Soup 印度海鮮湯

Bread：

✧ Vadai 印度炸麵圈

✧ Curd Vadai 優格炸麵圈

✧ Chappattis 印度查帕蒂餅

Snacks：

✧ Masala Dosa 瑪莎拉薄餅捲

✧ Fried Banana 炸香蕉

✧ Appam 阿榜糕

✧ Kesar Falooda 腰果番紅花糕

✧ Kulfi Pista 開心果茴香奶凍

✧ Orange flavoured Kheer 柳橙布丁

✧ Idli 白米糕伊德利

✧ Malpua 玉米小點心

Drinks：

✧ Aam Panna 芒果時飲

✧ Jeera Lassi 小茴香優酪乳

圖　瑪莎拉與印度客拉拉邦料理

****

將餐會的注意事項與準備細節整理好後，理查起身伸了伸懶腰，看看時間接近傍晚，想起之前跟娜妲爾的約定，就傳訊息問娜妲爾願不願意跟他一起共用晚餐。

娜妲爾很快就回傳訊息。

他們度過了一個愉快的夜晚。

過了幾天，換娜妲爾傳訊息問理查要不要一起吃飯。

他們見了不知道第幾次面。

聊著彼此的工作、最近的天氣、喜歡的食物……更多時候聊著不著邊際的傻話，從工作上的八卦、他的破車常常發不動、路上交通打結害她遲到，到他不小心打翻整盤蛋糕的糗事。

兩人開始習慣聊天，見面次數也慢慢增加，不知不覺中，娜妲爾與理查越來越熟悉，他們一起去放風箏，去音樂祭看表演，一起欣賞煙火。

平時也用通訊軟體互寄給對方照片、趣事，分享生活中的點點滴滴。可以天南地北地聊，他瞎扯，她胡鬧，兩人都用自己的方式讓對方放鬆。

每次見面時，理查總會帶上親手做的小點心給娜妲爾品嘗，這次是蔥油餅，下次是芒果冰沙……

他小心的打開保鮮盒遞了一塊餅給娜妲爾，說：「我小時候父母都很忙，下課回到家沒電視看，沒電腦玩，肚子又很餓，只好跑進廚房嘗試自己做點心吃，第一次還差點燒掉廚房呢！」

理查笑著說：「也許就是從那時候起喜歡上做菜吧！」

他說這話時，看起來就像是迷路的小孩，那神情讓娜妲爾感到有些難過，只好埋頭苦吃，吃得兩頰鼓鼓的，看來就像隻花栗鼠。理查轉頭看到失笑，又開始跟她笑鬧。

而娜妲爾也帶上自己做的小餅乾（mutthris）[1]配上自製濃郁甜美番茄果醬，和加了鹽、胡椒、小茴香粉等香料的酸奶。

「我小時候每次考完試，從悶熱的考場回到家，第一件事就是開冰箱，一大碗酸奶已經冰得涼涼的，讓我喝了恢復體力。」娜妲爾懷念道，「喝下去那瞬間會覺得，啊，人生真美好！」而理查喝了一口酸奶後的複雜表情，也讓娜妲爾笑瞇了眼。

兩人透過這種一來一往的方式，漸漸去了解彼此的文化和出生背景。

某天上班時，娜妲爾感覺到手機輕輕震動了一下。

是他。

剎那間，胸口微微悸動，她借故去上廁所打開手機來看。

是一張照片，一個鋪滿了新鮮水果切片的蛋糕。

---

[1] http://www.goodcooking.com/ckbookrv/winter_06/jaffrey/jaffrey_rev.htm

「生日快樂。」

娜妲爾啞然失笑，心頭卻莫名微暖。

她打給他：「謝謝你的蛋糕，看起來很好吃。」

「我做的。」他輕笑，「不只看起來，吃起來也很好吃。」

「老王賣瓜！」她哼聲批評，笑著問：「你在上班怎麼有時間做？」

「我趁午休時跟經理借廚房做的。」他告訴她。

她喜歡這傢伙，和他聊天很愉快，沒有壓力。

她往外走到天臺上，問：「你怎麼知道我的生日？」

「我問教授的。」他說。

她想也是。「可惜生日還要上班！」她嘆口氣。

「別難過，下班後我拿蛋糕去找妳。」理查笑道。

「一言為定！」她輕輕一笑，真誠地道：「謝謝你。」

「這麼感動那就以身相許吧。」理查搞笑地說。

他又和她鬧了一下，娜妲爾才依依不捨地收線。

晚上七點，理查和娜妲爾約在附近的小公園見面。

剛開始都還有說有笑，但氣氛卻慢慢地冷卻下來，形成一種尷尬的狀態。也許他們兩個都對現在曖昧不明的關係思考過，因此走到目前這步算是預料中的事，也各自在期待什麼。

所以，在理查問娜妲爾能不能跟他交往時，她什麼也沒說，只是輕輕牽住了他的手。

這天，兩人成為了男女朋友。

娜妲爾看著手中的奶茶發呆，從回憶中漸漸回神。

自從媽媽將煮奶茶的方法教會她後，這些年來她不知道為家人、為朋友、為自己煮過多少回，但這是第一次，她為了別人改變自己的習慣。

因此，她很慎重地邀請理查來家裡吃飯，想正式介紹給父母。

看兩鍋湯準備得差不多了，娜妲爾著手進行下一道料理，她將上午去市場買的瘦羊肩肉拿出，過絞肉機兩次，放入碗中，加入兩瓣拍碎的大蒜與兩小匙印度綜合香料，一點鹽和胡椒，仔細和絞肉混合後，拌揉五分鐘左右，將肉團倒在桌上，平均分成八大份，每份又各抓成五小球。

娜妲爾把已泡滿二小時的黃金葡萄乾，瀝乾後切碎，再跟碎薄荷葉拌勻。每一小球揉平，在中間放上混勻的葡萄乾和薄荷葉，抓起邊緣仔細將餡包好，搓成緊實光滑的小肉丸。

接著娜妲爾將胡荒荽粉、小茴香粉及豆蔻粉炒香；白杏仁、碎椰肉加上胡椒粒和豆蔻籽，以小火烘烤，整鍋倒入果汁機，加入水、大量的大蒜和薑，攪拌成糊狀。洋蔥剁碎用油煎軟，倒入炒好的香料跟大蒜糊一起拌勻，一點一點加入原味酸奶。

她嘗了嘗味道，再加入番茄醬、一些水、鹽巴、肉桂、肉豆蔻和辣椒，整鍋煮沸後以小火慢燉三十分鐘。等待醬汁的空檔，娜妲爾起油鍋，將肉丸炸成金黃色，移到盤中擺放，期間時不時去攪動醬汁以免燒焦。最後把醬汁中的肥油撈出，舀出一部分湯汁放置小碗中，與酸奶油（Sour Cream）拌勻，晚餐要吃的時候再將肉丸淋上醬汁，灑上切碎的薄荷當裝飾就好了。

呼！娜妲爾擦擦額頭上的汗，心想做醬汁真的是累人的一件事，但這道菜是爸爸最愛吃的菜，她想讓他心情好一點，而不至於給理查臉色看。

傍晚，理查帶著禮物赴約，因為緊張所以在大門口徘徊了一陣子，最後一次檢查自己的儀容，深呼吸幾次，才按下門鈴。

娜妲爾的父親柯里希不苟言笑，看見他只點了點頭，當作打招呼。

娜妲爾的母親艾南雅非常熱情好客，四處張羅水、點心等。

「娜妲爾還在廚房呢，就跟她說事情要早點做完，總是要拖到最後一刻……啊，要麻煩你稍等，先吃點墊墊胃吧！」艾南雅邊碎唸邊端來一盆炸蓮子、腰果和喀什米爾胡桃與葡萄乾的什錦拼盤。

娜妲爾將兩鍋湯跟羊肉丸擺上桌，旁邊放著一罐罐香料，可自由添加，另外還有薑和歐芹調味的花椰菜，跟茴香、小茴香及葫蘆巴種籽一起煮的馬鈴薯，切細的生青瓜、紅洋蔥、洋蔥絲和細細的芫荽在大碗中跟優酪乳混在一起。搭配香米或是手帕薄餅（roomali roti）一起吃。

「噢，今天真不錯，有柯夫塔（Kofta）！」柯里希看到葡萄乾和薄荷葉肉丸終於露出笑容。

「理查先生，請用請用！」

艾南雅客氣地請理查動手，但理查發現沒有刀叉筷子，一時有些犯難，以眼神向娜妲爾求救。

娜妲爾抿嘴笑了一下，輕聲告訴理查用手吃飯的訣竅：「右手將醬汁和飯混合，四隻手指當杓，把飯菜盛起後翻掌，用大拇指將食物推進嘴裡。」她邊說邊示範一次給理查看，優雅靈巧地攪拌食物並送入口中，「我們印度人認為自己有十足把握手洗乾淨了沒，好過那些洗了也不見得乾淨的餐具。」說完她像隻貓一樣舔舔手指，一滴醬汁都沒掉。

一開始理查仍然不習慣，抓到的大都是空氣，但練習幾次後就好多了，也開始認真品嘗食物。香料很多，乾坤混沌地混在一起，味道複雜得不得了，但都令人驚豔，也有口味清爽的菜，這樣濃淡交替下讓他吃了不少。

席間理查與柯里希說到教授與工作的事，他反應快速、侃侃而談；而和艾南雅聊餐會的事，他也思慮周全，一頓飯下來氣氛頗輕鬆愉快。

餐後甜點是紅蘿蔔（Halwa），紅蘿蔔削皮切絲後，跟牛奶和糖一起慢慢煮熟，最後拌入葡萄乾，非常甜，也可以放上切碎的堅果增加口感。

娜妲爾看整晚的氣氛不錯，便決定說出重點

「爸爸，媽媽，我想要跟你們說一件事。」她出聲吸引大家注意。

餐桌下理查緊緊握住娜妲爾的手，鼓勵她。

娜妲爾看向理查，給他一個微笑，說：「其實，我們兩個已經正式交往一個月了。所以，今天才想正式介紹給你們認識……」

「開什麼玩笑！」娜妲爾還沒說完，就被父親的大吼打斷。

「娜妲爾，妳聽好，我們已經挑選好幾個青年才俊，就等妳回去印度相親了，我絕對不允許妳跟這臺灣人交往！」

「我以為妳今天只是想招待身為餐會負責人的理查，結果竟然是這樣……你們的背景實在是差太多了，趁現在只是交往前期，用情還沒很深，趕快分開吧，你們不可能結婚的！」

「伯父、伯母，你們太激動了，我們還沒想到這麼遠的地方啊……」

柯里希深吸口氣：「算了，今天就到此為止，你快走吧！」

「娜妲爾，妳給我進來書房！」

「不要讓我再說一遍，進來！」

「爸爸！求求你不要這樣！」娜妲爾急道。

理查做夢也沒想到，只是吃個飯而已，知道兩國文化差異甚大，沒想到連交往也被禁止，只能呆呆地望著大家。

「對不起，理查，你先走吧，我再跟你聯絡！」娜妲爾小小聲地說，並示意他先離開，然後硬著頭皮走進書房。

「抱歉，理查先生，我先生對你這麼大聲，他也是怕娜妲爾受傷才會……」艾南雅起身安撫他。

「沒關係，伯母，我都知道。」理查嘆了口氣，「那我今天就先離開了，請替我向柯里希先生問好。」

「但我不會放棄和娜妲爾的感情的。」他堅定地說完這句話，就離開了。

艾南雅也嘆了口氣，其實她滿喜歡這個年輕人的，只是文化差異是個巨大的鴻溝，她也無法拂逆丈夫的心意。

「希望毗濕奴能保佑一切……」艾南雅看著理查的背影，口中喃喃祈禱著。

柯里希病了。

對理查的怒火以及對女兒的疼寵和失望，所有的情感都攪在一起，他甚至搞不清楚究竟想說什麼，最後怒氣壓過一切，到底憤怒是最容易的。

他突然倒下去，把娜妲爾和艾南雅嚇得淚眼汪汪。

娜妲爾拜託李教授將餐會延後一個月，因為她希望父親能夠參加，看看這場她和理查攜手努力的成果，也許會因此對理查改觀。

理查知道後，下定決心去南印度走一趟，就去娜妲爾的家鄉，喀拉拉邦。Kerala是印度西南方的一個省，面積廣大，西邊是長長的海岸線，東部有高山，是相當富裕的一個地方，也是有名的觀光勝地，因其得天獨厚的地理位置，而有「神的國度」（God's Own Country）之稱。這裡是葡萄牙人首先發現印度大陸的地方，因此西方的天主教文化和建築色彩濃厚，居民也多信奉天主教。

既然柯里希是因為文化差異才拒絕他和娜妲爾交往，那他就先來努力了解此地風俗，也許能得到一些靈感，將餐會弄得更加豐富，來打動柯里希，理查心想。

理查以前也來過印度，但多以北部為主，這是第一次來南印度，多虧娜妲爾事先聯絡家鄉親朋好友W，有地陪他就省了許多麻煩，也趁這個難得的機會到當地人家裡用餐，親眼融入印度文化之中！

W的媽媽好客多禮，知道理查要來，準備了許多好菜。大家席地而坐，用手拿取香蕉葉上的食物，理查特別喜歡其中的一道Beans Poriyal（Spice Cononut Green Bean）香料椰肉菜豆，這是一道輕輕乾炒的南印度蔬菜料理，加入芥末子及新鮮椰肉是它的特色。

早餐也非常豐盛，當地人早上習慣吃一種點心叫「都沙」（Dosa），是扁豆糊加上發酵米和水調製而成，再放到平底鍋中煎熟，上面放入餡料後將餅皮對摺就可起鍋。理查看著眼前就算對摺一半也比一般盤子還大的都沙，拿起來咬了一口，餅皮煎得酥酥脆脆的，有點像瑪莎拉口味的法式薄餅，餡料由馬鈴薯混合芥末籽、咖哩葉、洋蔥和薑黃，即使在炎熱的天氣下也令人胃口大開。

理查跟著W的媽媽一起準備午餐，廚房裡有一套完整的香料盒，小豆蔻、肉豆蔻、南薑、胡椒、丁香、辣椒、番紅花……其美麗不下於女人的彩妝盒。他看著W母親五顏六色的香料一把把毫不吝嗇地撒，視覺與嗅覺都得到了很大的刺激，讓理查想起娜妲爾第一次在他面前做菜的樣子，一頭烏黑亮麗的長髮整齊地收攏在背後，專心致志地盯著鍋子裡的醬料，長長的眼睫毛在蜜褐色臉頰上投射出陰影，然後她突然抬起頭看向他，剎那間，理查發覺，印度的女人眼中都裝著幾千年的靈魂。

今天的午餐都是喀拉拉的家常料理，印度悶炒飯（Biryani）是非常傳統的南印料理，並搭配優格醬（Rita）和甜酸醬（Chutney），Chutney原意為強烈的香料。

一道煎烤魚，在喀拉拉，請客吃飯是一人一尾魚，因為是花時間去慢慢烤，吃飯時用手很容易就將骨肉剝離，所以魚內臟也沒特別清除。檸檬酸味與燒烤過後的酥香，讓本來覺得吃魚很麻煩的理查再三回味。

一鍋燉煮雞肉，以椰奶燉煮的南印度家庭料理，看似奶油風味的燉物，其實充滿著豐富香辛料的印度風味，吃進嘴裡非常驚豔！伯母說秘訣是薑與青辣椒不先炒過，而是與雞肉一同下鍋，才可保留新鮮的芳香。理查覺得這道菜就像日本的馬鈴薯燉肉，沒有繁複的刀工，非常家常又快速簡單。

還有兩道小炒，一個是阿比椰（Aviyal），把蔬菜切成短條狀，再以椰子粉拌炒的料理。另一道是炒紅椒（Sweet Pepper Thoren），擁有清脆口感，紅椒甜味、薑的芬芳、辣椒的辛辣在舌頭上輪番出現，都是非常好吃的蔬食料理。

理查吃得心滿意足。

下午W帶著理查到處走走，說他大老遠來這一趟，不參觀就太可惜了，抓著他直奔肯亞庫馬利（Kanyakumari），來到印度的最南端科模林角（Cape Comorin），東臨孟加拉灣，西側為阿拉伯海，南端面向印度洋，是三洋匯流之處，深藍、蔚藍和淺綠在眼前蕩漾開來，彷彿印度幾千年的古文明與大自然合而為一。

因為是名勝景點，除了外國遊客，也有許多本地人來，W跟理查解釋，這裡也具有宗教上的意義，「科模林角」的Comorin，在梵語中指處女之神，源自於印度教中的庫瑪麗（Kumari）女神。不遠處小島上有座庫瑪麗女神廟，供教徒參拜。

海邊附近有許多攤販，一處攤子上擺著大量的綠色芒果和鳳梨，有個小盤子裝著切成小塊的水果供客人試吃；旁邊一個圓爐上則擺放著黃玉米。理查看到許多印度人都直接靠著建築物邊的陰影中坐下，休息聊天。

海風張狂地吹，烈日逼得人眼睛都要張不開了。W說，這裡在一日中可以看到太陽從一邊海面上升起，也可以看到太陽從另一面海落下。理查感到有些震懾，一天的開始與結束，都在同個地方。心裡似乎模模糊糊地明白了什麼。

之後，理查有空時都往這個地方跑，看著海會讓他想起臺灣，都是國境之南，科摩林角就像是鵝鑾鼻吧！雖然才離開沒有多久，但見不到娜妲爾讓他的心就像是缺了一大塊似的，空蕩蕩的難受。

昨天晚上，娜妲爾趁打電話回老家的時候，順便跟理查講了幾句話。

「爸爸病了，我和媽媽努力做他愛吃的菜，但他就是沒胃口，我已經不知道該怎麼做才好。」她擔憂地說。

「一定沒事的，別想太多。」理查安撫道，「對了，伯父有沒有想吃的東西呢？聽說人在生病時最希望吃家鄉料理，我可以從這裡帶材料回去。」

聽到他的聲音，娜妲爾心裡安慰許多。

「大部分吃的我跟我媽都會做，但最近爸爸說他想吃他小時候吃到的一種點心，他不知道名字，只知道是切成方塊狀的，甜中帶酸，有肉桂味，外觀是褐黃色的……」娜妲爾思考後回答。

「他當時實在是太小了，只記得是祖母做給他吃的。」她嘆氣，資訊這麼少大概很難找到。

「我去問問其他人，看有沒有人知道這道點心。交給我吧。」理查聽到娜妲爾嘆氣的聲音，恨不得立刻回到她身邊，告訴她沒事，一切有他在。

「我只要你答應我一件事，要好好保重自己的身體。」娜妲爾小聲但堅定地說。

理查有些感動。「我答應妳。」

理查先從W問起，動員身邊所有人去打聽這道點心究竟是什麼。W伯母還親自下廚做了她會的幾樣點心，讓理查拍照後去問柯里希。W也帶著理查四處串門子訪問附近婆婆媽媽們，印度人都很熱心，很可惜的是，除了被餵了滿肚子的茶水、點心，關於柯里希說的那種點心，沒有絲毫進展。

他有些喪氣，決定去科摩林角看海，看看紛亂的腦袋能不能因此清楚一點。

在出發之前，W拍拍他的肩膀，「別太擔心，有神看顧著我們呢。」然後露出一口白得發亮的牙齒，說了一長串印度話。理查聽得一愣一愣的，問W這是什麼意思。W說是印度諺語，意思是：「憂傷是無法治療的，唯有把它踩在腳下。」

到了海邊，理查心裡反覆咀嚼W說的那句話。在臺灣被柯里希反對與娜妲爾交往時，他真的很難過，到現在也只是不希望在娜妲爾面前丟臉，而撐著笑容面對所有人，說是忙碌餐會的事，其實也只是一種逃避。

看著眼前的夕陽，理查知道不管發生什麼事，太陽明天依舊會升起。他現在的狀態不過就是跟夕陽一樣落下而已，明天一定會爬上來的。夕陽染遍了整片大海，他很老套地在落日的光線中看見娜妲爾的臉，心中冒著苦澀又甜蜜的泡泡。

突然褲子被拉扯了幾下，打斷了理查的思緒，順著視線看過去，是一個長得很可愛的小男孩，手上拿著一個紙盒，一直衝著他笑，嘰哩瓜啦地說了一串印度話。理查尷尬地用簡單的英文表示他聽不懂，小男孩皺皺眉頭，又說了一大堆話，打開紙盒向他遞了過去，裡面是一排排整齊的方塊糕點，自己先拿一塊放進嘴裡，又示意他吃。

理查雖然聽不懂，但從語氣和表情，他猜小男孩應該是叫他不要難過吧。「真是太不成熟了，竟然還要讓小孩子替我擔心！」理查心裡自嘲地笑了下，伸手拿了一塊。小男孩看到他拿了很開心，又吃了一口，然後臉上露出非常誇張幸福的表情，把理查給逗笑了。為了不掃興，他將糕點放入口中，有點冰涼又甜糯糯的，但甜中帶酸，上面還有一些杏仁片當裝飾，非常好吃又爽口，理查心中一凜，又仔細觀察了一下這個糕點，心中有個聲音大喊：「就是它了！」不管是外形、色澤或是口味，都符合柯里希所描述的，還帶點肉桂的味道。

理查興奮地抓住小男孩問這糕點是誰做的，無奈小男孩也聽不懂，兩個人雞同鴨講了許久，他才想起W，立刻打電話請W過來幫忙翻譯。等待期間他跟小男孩借了剩下的糕點拍照傳給娜妲爾看，沒多久娜妲爾就興奮地打過來：「爸爸說就是這個！你是在哪裡找到的？」這時W已經驅車趕到，理查只好中斷對話：「等我問清楚了再跟妳聯絡，先這樣！掰！」然後拖著W跟小男孩對話翻譯。

「他說是他奶奶做的。」W滿頭大汗地問出來，剛剛飛車趕來幾乎要去掉他半條命。

「他奶奶人呢？他家在哪裡？可以問怎麼做嗎？」理查連珠炮似地問了一大堆，好在小男孩沒有不耐煩，一一回答後，就要帶他們去他家。

「沙魯克說可以帶我們去他家。」W對這個口齒清晰伶俐的小男孩頗有好感，連名字都問出來了。

兩個大男人就這樣跟著小男孩走去他家，幸好就在海邊的不遠處而已。是隨處可見的那種平房，一個婦人正在廣場收曬乾的香料。

沙魯克看到她就蹦蹦跳跳地奔過去。「媽媽！媽媽！有客人！」他一頭鑽進婦女鮮紅的沙麗裡。

「小心點，別跌倒了！你這孩子真是……」婦人邊碎唸邊抬頭，看到兩個陌生人，眼神不禁戒備起來。「你們是誰？來我們家做什麼？」一邊拉著沙魯克一邊向後退。

W趕緊上前解釋他們的來意，並將那份紙盒裝的點心一併拿出來詢問婦人。

沙魯克的媽媽鬆了一口氣。「原來是想問這個，這個不是我做的，是我婆婆。」

「可以請老夫人教教我們嗎？他是特地從臺灣來的。」W指指理查，理查則拿出最誠懇的態度看著婦人。

「這我要問問她。你們進來吧。」一直站在外面也不是辦法，婦人將理查與W請進家門，叫沙魯克去請他奶奶過來。「沙魯克，去裡面叫奶奶出來一下好嗎？說有客人，記得要說『請』。」沙魯克風風火火地跑進去了。「你們別見怪，這孩子就是這麼毛毛躁躁的。」婦人有些不好意思，並熱情地擺上茶點。

「啊，不用這麼費心沒關係。」理查看向W，怕這樣是否太過麻煩。

W則見怪不怪。「不會，沙魯克很好心呢，在海邊還請我朋友查理吃甜點，說是吃了就會很快樂，不難過了。」W笑笑地跟婦人解釋他們在海邊發生的事。

「我最愛吃奶奶做的甜點了，是全世界最好吃的東西！」沙魯克出來聽到他們在談論剛剛的事，立刻吹捧奶奶的手藝，一邊狗腿地看著奶奶。

「得了，你這小子，知道你饞，昨天做的那盒點心這麼快就吃光了？」一位老婦人一邊笑罵著，一邊慢慢走出來。

老婦人穿著橘紅色系的沙麗，手腕戴著幾個毫無雕琢的金鐲子，頭髮一絲不苟地盤起，年紀雖大了卻還很有精神，眼神非常清明。

理查立刻站起來致意，用著怪腔怪調的印度話詢問：「老夫人您好，我叫理查，是從臺灣來的廚師，我想請問您可以教我做這道點心嗎？」這是他跟W惡補學來的，想說這樣比較有誠意。

「你先坐下吧。」老婦人淡淡地掃過那盒點心，「哦，是Seb Suji ka Halwa啊。」

W跟理查解釋說名稱大概是「Apple and Semolina Pudding蘋果麥蕊布丁」，理查趕緊記下。

「你一個臺灣人，怎麼會想學做這料理呢？」老婦人坐下喝了一口茶，盯著理查看。

「因為我一個朋友的爸爸生病了，什麼都吃不下，唯一想吃的就是這道點心，但我到處問都沒有人會，因緣際會之下遇到您孫子沙克魯，這下才厚著臉皮到您家裡來。」理查苦笑著說。

「朋友？我想是女朋友吧？值得你這樣為她父親上山下海的。」老婦人細看理查神色，想來是沒說謊，於是就取笑他。W憋不住笑用咳嗽掩飾，理查則是一張臉漲紅著說不出話。

「教你是可以，只是這點心要花的時間功夫很多，年輕人大都嫌累不學了，這地方大概只剩下我還在做。」加上孫子愛吃，疼孫的她只好繼續做下去，只為了看到孩子們的笑臉。

「謝……謝謝您！我絕對不會嫌辛苦，請您盡量使喚我吧！」理查聽到她願意教，激動得站起來敬禮，險些口齒不清。大家看到都笑了。

告別了這家人，理查馬上打了長途電話給娜妲爾報告進度。接著從隔天開始，每天都去沙魯克家上課，他拿出了當初做學徒時的精神，讓老婦人很是讚賞，也認真地將自己的手藝慢慢教給理查。

理查守在鍋前，小心地攪拌，並注意不要讓自己的汗水滴進去，讓香甜味隨著熱蒸氣盤旋而上，像歌聲一樣。老婦人坐在旁邊的椅子上指點他技巧，心裡想著，如果這些點心注定在這裡消失，那麼至少可以讓這個年輕人帶到異地流傳下去。她拿起茶杯，為自己終於消失的心慌，向窗戶外的大海敬了一杯瑪薩拉。

很快地到了要回臺灣的日子。理查一一走訪那些曾經被他麻煩過的人家表達感謝，跟沙魯克和老婦人允諾，會再回到這裡，煮一桌大餐請他們吃。

「記得到時我要驗收你有沒有忘記我教你的東西。」老婦人對理查眨眨眼睛。

理查雙手合十，恭敬地對她行禮。「絕不忘了您的教誨。」

還有W一家人，理查對自己現在的口舌笨拙感到無力，只好以擁抱這個古老的行動表達他的感激之情。

W伯母特地動員身邊友人幫忙張羅要運回臺的香料，「保證正統風味，絕對不是黑心貨！」有些還是親手磨的。這份盛情讓理查眼眶泛濕，然後被W大手用力一拍給拍掉。

「別這麼婆婆媽媽，娜妲爾才不喜歡男生這樣。」W哈哈大笑。

「哼！我回去就把喜帖用燒的給你！」兩人經歷這段日子已變成無話不談的好兄弟，連帶著W也了解了不少臺灣的文化習俗，自然知道這個「燒金紙or各種紙紮」的意涵，常常拿來開玩笑。嘴巴雖不饒人，理查還是給了W一個大擁抱。

「Just don't be a stranger.」W回他。

「一定。」帶著喀拉拉的祝福和對娜妲爾的思念，理查坐上飛機，踏上歸途。

回到臺北之後，溫度明顯不同，也許是心境的關係，他覺得眼前的一切都漂浮在空氣中，臺北盆地的夜晚將巷子染成灰色調，他抬頭看著月亮，突然意識到許多問題尚未解決，但這次不要再像上次那樣急躁了。他告誡自己。

一下飛機，理查就直奔廚房，開始做起蘋果麥蕊布丁（Seb Suji ka Halwa），因為這道甜點需要燉煮，需要花大量的時間，過程中又容易被燙到，非常辛苦，他想要早上天一亮時，就送去娜妲爾家，給柯里希品嘗。

其實，材料並不複雜，只有蘋果、奶油、生核桃、煉乳跟砂糖，香料則是小豆蔻粉和肉桂粉。難的是耐心，與希望食物變好吃的那份心意。理查將整顆新鮮蘋果洗淨，不去皮直接丟入果汁機，加入少量水打成糊狀，接著將奶油放入鍋中以小火加熱，焙炒核桃，把蘋果糊加入，以較弱的中火煮十分鐘。

然後加入煉乳，煮三十分鐘。之後就是最辛苦的地方，要不斷攪拌以避免燒焦，這段期間要一直守在鍋前。當煮到鍋中水分只剩三分之一時，才倒入砂糖與小豆蔻粉和肉桂粉，再繼續煮，直到水分完全收乾，出現濃郁香醇的風味為止。

這段過程理查絲毫不覺得無聊，他喜歡在廚房和自己獨處，認認真真地料理食物，看著它們慢慢變熟，發出香味，等待時間翻到下一頁。而窗外高樓的燈光、遙遠天邊的月亮、內心煩惱的聲音，都變成亮澄澄的海波嶙光，填滿心房。

將火關掉，理查甩甩發痠的手，將鍋子裡的糊全部倒入已在四面塗好酥油的容器，蓋上保鮮膜，放進冰箱冷藏。他看看窗外，夏天的太陽起得早，現在五點了。將手機設好七點的鬧鐘，理查就著清晨涼爽的風趴在桌上睡著了。

鬧鐘響起的聲音像是從遙遠的地方傳來，理查模糊地醒來按掉，頭一陣陣的抽痛讓他想起睡眠不足的原因，於是去洗把臉換好衣服，將成品拿出冰箱，檢視成果後，用刀切成一個個小方塊，在上面用杏仁薄片裝飾後，找個漂亮一點的保冰盒裝起來，就出門了。

理查站在騎樓下，先打給娜妲爾，說他已經回到臺灣了，有東西要拿給她。娜妲爾立刻找藉口出門，一出去就看到理查站在不遠處揮手，她激動得飛奔過去抱住他，聲音都哽咽了。

「我好想你……」

「我也是。」

理查將娜妲爾抱在懷中，此刻才有了真實的感受。他擦掉娜妲爾臉上的淚水，把甜點交給她。

「伯父現在還好嗎？快拿給他吃吧。對了，不要說是我做的，要是知道是我這臭小子做的，可能會砸爛它……」

娜妲爾終於破涕為笑，「好吧，我先不說。」然後她注意到理查臉上的黑眼圈。「你是不是沒睡覺？該不會整晚都在做這個吧？」理查露出有點靦腆尷尬的表情，她知道自己猜對了，讓她好氣又好笑。娜妲爾用手指戳他的額頭，「我有這麼恐怖嗎？需要你趕成這樣！」

理查抓住她的手握在手中。「為了未來的岳父大人和親愛的老婆大人，我當然要這麼做。」

娜妲爾整個人突然傻住。「你……這是什麼意思？」

理查深吸一口氣。「嫁給我吧，娜妲爾。」

這段日子的分離，不但沒有沖散感情，在心中的思念反而與日俱增，更讓理查確信了她就是他要的人。他掏出一款樣式簡單的銀戒指，套在娜妲爾的手上。

娜妲爾露出不可置信的表情。「但是我是印度人，你跟父母說過了嗎？」文化差異畢竟不是這麼好相處的。

「我跟我爸媽講時，他們還激動得哭了呢，說終於有人要我了。」理查開玩笑地說。

「從小到大他們就很少干涉我，說自己做的決定自己負責，妳是我這一生最重大的決定，我會負責到底的。」他眼神堅毅，表情無懈可擊，只有手汗默默出賣了他的緊張，娜妲爾一下子就發現了，雖然他說得那麼有自信，但還是會緊張的嘛。

她忍住淚水，抱住理查肩頭，輕輕地說：「我願意。」左手上的銀戒指被陽光照射得閃閃發亮。

床上，柯里希緩緩地翻了身，望著灑進窗內的陽光，他肚子已經餓了，卻沒有食慾。一開始他氣到昏倒是真的，後來卻裝著起不來的模樣，因為娜妲爾會非常緊張他，就算出去也不會太久，只要他一直好不起來，女兒就不會離開他了。很幼稚，他知道，但他別無辦法，從小捧在手裡疼愛的女兒，怎麼能就這樣讓給那個臭小子呢？

太太艾南雅此時端著一個大托盤，走進臥室，擺在床頭櫃邊的小桌上。「親愛的，今日吃得下嗎？」伸手摸摸柯里希的臉，嘆了口氣。其實，她知道柯里希裝病，但沒有戳破他，因為他當了一家之主二十幾年，第一次以這種方式對自己的太太和女兒撒嬌。「對了，娜妲爾剛剛拿回來一盒點心，說是你最愛吃的，就放在旁邊，我先出去了。」男人，不管幾歲，內心都還是個小男孩啊。

柯里希聽到門關上的聲音，才坐起身來，之前娜妲爾因為他一直沒食慾，問他最想吃什麼，他隨口說了幾個小時候最愛吃的零食，但娜妲爾是不可能找到的，因為他祖母死後就再也沒人會做那些點心。結果娜妲爾不知道從哪裡找來一堆照片，問他是不是這些，他只好指了其中一張看起來最像的。

他打開放在早茶旁邊的保冰盒，沒想到映入眼簾的東西瞬間將他拉回從前。廚房昏黃的光線，各種香料與酥油的味道，他因為做壞事被爸媽罵，正抓著祖母的沙麗抽抽噎噎地哭泣。他不記得自己幾歲，但頭還不到祖母的腰那麼高，他幾乎快要忘掉的祖母的臉，此刻卻因為逆光而看不清。

柯里希急忙抓起一塊點心吃下，想多喚起一些記憶。是了，就是這個味道。

祖母的臉越來越清晰，總是微笑的溫和樣子，他被祖母抱起來坐在爐邊的小桌上，看著祖母不停地攪拌鍋中的泥狀物。祖母說不要哭，晚上有好東西給你吃，他才止住哭泣。晚上他被罰不准吃晚餐，自己一個人在房間生悶氣，慢慢就睡著了。不知道過了多久，祖母偷偷地走進他房間把他叫醒，給他一個紙盒裝的小點心。他那時看到眼睛都亮了，沒吃晚餐的小肚子早已餓得受不了，一口一個地吃了起來，那是他吃過最好吃的東西。

「爸爸？」娜妲爾的聲音讓柯里希從回憶裡醒來，發現自己就捧著這盒點心呆坐在床上。「咳……我沒事。」柯里希趕緊將東西放下，用咳嗽掩飾尷尬，「這點心很不錯，妳從哪裡找來的？」娜妲爾只是笑瞇瞇地望著他，說：「爸，好吃就多吃幾塊！如果今天有胃口了就吃點飯吧！我跟媽今天晚上會做很多好吃的給您補補身體。」接著小心翼翼地問：「我想請個人一起來吃飯可以嗎……？」

看著娜妲爾像是下定決心卻欲言又止的樣子，柯里希明白了那個人應該是理查。原來臭小子從印度回來了？然後柯里希不小心瞥到女兒手上一閃而逝的銀光，突然心領神會，這盒點心應該跟理查有關。

柯里希躺下轉過身去，嘴硬地說：「哼，隨便妳吧。」娜妲爾有些不敢置信，爸爸竟然這麼快就答應了，她什麼說服的話都還沒說呢。但她還是離開了房間，要把門完全關上的瞬間，她看到柯里希又快速轉身從小桌上拿起那盒點心偷偷摸摸地吃起來。呵呵，爸爸真是太可愛了，娜妲爾心想。

圖　Seb Suji ka Halwa

餐會緊鑼密鼓地籌備起來，理查從印度帶回的一大堆香料無疑是最佳生力軍，主廚非常興奮，個個摩拳擦掌，準備大展身手。餐會舉辦的地點選在中研院的太極銅雕廣場上，地上鋪上防水布，人人席地而坐圍圈共食，頗有印度風情，但大部分餐點還是放在長桌上，並使用遮棚，避免太陽直射、螞蟻蚊蟲爬上去等等。要做的料理就是他們之前討論過的菜單，理查再跟主廚提供他學到的料理方式。主辦單位還雇用了幾個工讀生到街上去發傳單，歡迎大家一起來享用美食。

到了當天，天氣非常好，微風不時飄過，驅散了一些暑意。理查大清早就領著人場布，服務生分配好工作，跟主廚確認上菜時間。終於到了這一天，他有一點點興奮，希望一切都能很順利。

娜妲爾扶著柯里希到餐會時，看到場地布置得井井有條，早到的民眾們也很有興致地四處拍照，排隊挑選食物。長桌上鋪著印度風的桌巾，遮棚周圍一朵朵黃白相間的花垂下來，看著就討喜。理查注意到娜妲爾一家人來了，立刻迎上去，將他們領到他特意挑的地方坐下，防水布的上面還鋪著細緻鮮豔的棉布，旁邊就是噴水池，娜妲爾自告奮勇地去幫忙拿食物，柯里希哪裡會不知道女兒的小心思，也就由著她去了。他細觀周圍，發現理查其實是個非常細心的人，艾南雅早就聞到家鄉的味道，臉上一直帶著笑。娜妲爾和理查拿了幾片香蕉葉盛裝的食物回來了，讓柯里希小小驚訝了一下，這還真是巧思，好像真的回到印度老家所有人一起吃飯的樣子。香蕉葉是理查特意去找來代替餐盤的，吃完就丟，環保又不費事。

艾南雅特別喜歡這次的喀拉拉魚料理，在臺灣她很少煮魚，總嫌腥氣。但主廚用了鰤魚、鯧魚、竹筴魚、沙丁魚和鯖魚，不管是哪種魚咖哩，她跟理查學到葫蘆巴葉粉能幫助提味，羅望子的酸味當然也不可少。咖哩用椰奶的濃醇味襯出酸與辣的特別風味，南印度的咖哩不像北印度那麼濃稠，所以吃起來非常清爽怡口，意外地讓臺灣民眾非常喜歡。

餐後甜點是Kesar Falooda，玉米粉加上番紅花煮成，有著黃橙橙的天然色澤，再加上鮮奶、山粉圓，理查還特別加入了米苔目，最後分裝在杯子時，上面再加一球冰淇淋，好看又好吃。

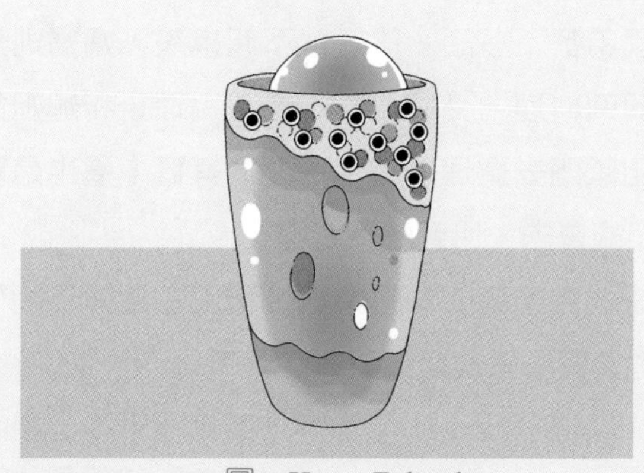

圖　Kesar Falooda

第一天就這樣順利地過了。

餐會最後一天，理查終於有一切塵埃快要落地的感覺，等大家吃得差不多，中研院民族所的長官上臺致詞，李教授也被拉上臺裝模作樣地勉勵幾句。而柯里希也以顧問的方式上臺致詞，因為娜妲爾害羞不願上臺。柯里希先稱讚這場餐會辦得非常成功，讓更多人了解南印度文化和料理，如果有機會，歡迎到印度走走看看！接著他看向理查，清了清喉嚨說：「……理查，娜妲爾就交給你了。」那句「謝謝」因為彆扭所以還是說不出口，但說了剛剛那句話無疑是在會場放下一顆炸彈，說完他就閃人了。

理查一副不可置信的樣子，娜妲爾又開心又疑惑，立刻去問媽媽。艾南雅不忍心調侃丈夫，只跟她說：「理查是個好孩子，我們都知道的。」理查被眾人恭喜包圍，全身輕飄飄的，直到娜妲爾走過來輕輕握住他的手，一顆心才立刻落地回到現實。

李教授當然不會放過這個機會，立刻跳出來說：「兩位是否該包個媒人禮給我呀？」那副笑嘻嘻「嘿嘿嘿，我就知道會這樣」的表情，讓兩人哭笑不得。

理查的父母非常開明，喜歡新奇事物，面對異國的媳婦和親家一點也不介意，連結婚都同意用印度婚禮的方式，機會難得啊。理查的爸爸跟柯里希都不多話，於是就下起棋來；媽媽則是和艾南雅一起鑽去廚房研究料理、交換彼此手藝了。理查和娜妲爾這兩個小的呢，就被踢出家門去處理婚禮事項了。其實，這也是雙方家長的心意，讓小倆口約會去，他們就不打擾了。

理查當然是找自家飯店幫忙舉辦婚禮，主管除了給他打折，主廚也義不容辭地負責婚禮菜色。菜單如下：

Menu

Cold Items：

✧ Indian Salad 印度式沙拉

✧ Raita 涼拌優酪乳

✧ Moru Kachiathu 香蕉芒果涼咖哩

✧ Pickles Chutney 醃漬印度酸果

✧ Lime Chutney 醃漬萊姆

✧ Curried Jackfruit 咖哩波羅蜜

✧ Okra Curry 秋葵咖哩

Hot Dishes：

✧ Lamb Madras 椰香羊肉咖哩

✧ Kerala Fish 喀拉拉魚料理

✧ Malbar Chemmeen Kari 南印椰香蝦仁

✧ Konju Varuthathu 辣味蝦

✧ Crab Thoran 椰汁螃蟹

- ✧ Butter Chicken 燒烤奶油雞肉咖哩
- ✧ Varutharacha Meen Curry 羅望子椰汁咖哩魚
- ✧ Samosas 薩摩撒三角餃
- ✧ Aloo Ghobi 洋芋花椰菜

Soup：

- ✧ Daal Soup 印度扁豆湯

Bread：

- ✧ Malabar Paratha 抓餅
- ✧ Masala Dosa 捲薄餅
- ✧ Lemon rice 檸檬芥末子飯

Dessert：

- ✧ Jalebis 炸拉比
- ✧ Thirattuyal 棕櫚茴香奶酪
- ✧ Gulab Jamum 炸小球甜點
- ✧ Badam Kheer 杏仁露布丁
- ✧ Halwa 奶露
- ✧ Mysore Pakh 鸚嘴豆糕
- ✧ Crullers 甜甜圈
- ✧ Muruku 油炸小點

Drinks：

- ✧ Yogurt Drinks 優酪乳
- ✧ Falooda 印度粉圓

圖　南印料理

娜妲爾也迅速聯絡親戚，她們家是婆羅門階級，生活還算富裕，親戚聽說婚事後有人贊同有人反對，但最後都開始收拾行李，準備去給自家孩子撐腰，不然被欺負了怎麼辦？娜妲爾也是有不少堂兄弟姐妹的，女人們是想提早到了可以幫忙籌備婚事，男人們則是想趁機會出國好好玩玩。

婚禮的前一天晚上，女方家裡舉辦了一個小典禮歡迎男方家屬，艾南雅還送了一套白色沙麗給親家母，剛好可以在婚禮上穿。不過，這段時間新娘跟新郎不能見面，否則會帶來不幸。印度傳統上是女方自備嫁妝，嫁妝越多才不會被夫家小瞧，也昭示著娘家的寵愛，柯里希從娜妲爾出生起就開始存嫁妝了，在印度嫁一次女兒可說是燒一次房子。但因為這次是異國婚姻，男方這邊還是給了聘金：各類黃金首飾，連大人們的都有。

婚禮當天，娜妲爾一大早就被媽媽和堂姐妹、姑媽阿姨給挖起來打扮，禮服是做工非常繁複的沙麗，一套珍珠紅的，一套寶藍的。紅的那件料子一看就知道細緻非常，金色的花紋是金箔貼上去的，還有小珍珠跟碎鑽鑲邊，暗繡打底，明繡壓色，越看越尊貴，紅色也代表生活富裕和人丁興旺。寶藍的是換第二套時穿的，穿起來襯得人非常高貴，底下是刺繡的白紗長裙，藍白藤蔓花紋相間，配上整套珍珠耳環項鍊，端的是優雅動人。

艾南雅將珠寶盒打開，一層層的抽屜打開簡直令人睜不開眼，黃金的手鍊、項鍊、耳環、鼻環和頭飾，全部戴上去就花了快半小時，手鐲叮叮噹噹地掛滿了兩隻手臂。娜妲爾看到一個抽屜空了，下一個打開又是金光燦爛的腳鍊與戒指，此時已經全身重得她快站不起來了，她想等會她出場時，大家的目光估計都放在這些金飾上了，沒人看她。接著，艾南雅親自給她梳頭髮，編入金飾與鮮花，一屋子的婆婆媽媽這時就站起來像海浪退潮般退了個乾乾淨淨，留空間給這對母女說話。

「娜妲爾，都要嫁人了，妳的脾氣可要收斂點，別看理查個性老實就欺負人家。」自家女兒的個性她最了解，看著乖巧，實則倔強。

「媽，妳怎麼說得好像我會咬人一樣。」娜妲爾才不承認。

突然一陣沉默。「媽？妳弄好了嗎？」

娜妲爾艱難地轉頭過去，卻看到艾南雅正在掉眼淚。

「妳竟然要……嫁人了，妳以前才這麼小呢……」

「媽，別難過，我們住得這麼近，可以常常回來看妳們的。」娜妲爾哄她，轉眼卻想到父母肯定不會在臺灣一輩子的，有一天還是會回家鄉。到時就是天涯兩隔了。想著想著也跟著想哭了。

沒想到她媽看到她扁了嘴正準備哭時，突然變了個臉：「不准哭！才剛給妳畫的眼線呢！」娜妲爾只好硬生生將眼淚憋回去。媽您怎麼說變就變呢……

新娘的手和腳還必須用一種叫Henna的天然植物顏料彩繪，印度稱為Mehndi。通常在婚禮前一天晚上，由新娘未來的婆婆點下第一筆，然後由資深手繪師接著畫下精美絕倫的圖案，圖案有佩斯利（Paisley）具有水滴、變形蟲、芒果意象的圖騰，有多子多孫的含意；還有象徵著陰陽結合以及和諧的孔雀；最常見是花朵與藤蔓，常見花種為玫瑰、蓮花、向日葵、水仙花、小雛菊等，藤蔓則象徵奉獻。等顏料乾掉再剝下來，Mehndi就完成了。這時是考驗手繪師功力的地方，因為在圖案從手腳上消失之前，新娘就不用做家事，因此手繪師無不想盡辦法讓Mehndi維持久一點。

新郎穿整套白色，上衣是寬鬆的鑲金邊襯衣，下面穿寬鬆的褲子，細看也透著暗紋，這套衣服是娜妲爾囑咐家鄉親戚特地從印度帶來的，就當作禮物送給理查了。

傳統婚禮儀式則通常會在架好的露天花臺涼亭中舉行，四周鋪上軟墊，中間必須生火，特地從印度廟請來的祭師坐在中間火堆旁，鮮黃豔紫的萬壽菊盛在小碗中，一串串香蕉、甜食和五穀香料用香蕉葉裝著擺在祭壇上。新人身上都要掛著白色茉莉花環，中間點綴著蘭花與金盞花，香味像幸福從身邊緩緩流過。

祭師先祭拜各路神明，再引導新人與家人祝禱，接著新娘的兄弟或表兄弟帶領新娘和新郎手牽手繞行火堆七圈，表示七世姻緣，新人手中必須拿著大米、燕麥、樹葉等，象徵著財富、健康、繁榮和幸福。

最後，新郎的兄弟們向新人拋灑玫瑰花瓣以驅除邪惡。理查將銀製的足環套到娜妲爾腳上，這在南印度是婚姻的象徵，理查特意在上面刻了兩人的名字。典禮儀式過後，兩人要在一盤灑滿玫瑰花瓣的牛奶中尋找戒指。接著，新人雙方必須互餵糖果，向對方說出做妻子與丈夫的責任與義務，如同西方婚禮的誓詞。

親友們這時蜂擁而上，給新人額頭點上紅點，並向他們拋灑大米，祝願他們能長久、幸福地生活。然後就是三天三夜的歌舞、美食輪番上陣了。娜妲爾的兄弟們還起鬨玩遊戲，幾個人合力將新娘高高抬起，新郎要想辦法將花環掛到新娘的脖子上，隨著時間新娘被越抬越高，新郎想當然越來越狼狽，大家都笑得很開心。

女人們也拉著新娘跳起傳統舞蹈，動作與音樂搭配無間，花一樣的裙襬旋轉如波浪，吸引著所有人的視線。娜妲爾當然是最醒目的存在，她每個動作、每抹微笑都是對著他，一雙眼閃爍的光點如星河氾濫。

理查覺得從來沒有一刻，比現在過得更好。

圖　我的印度婚禮

名詞定義與解釋彙編（Glossary）

1. BOM表（Bill of Material）：中文稱為材料清單或材料表，它是以樹狀結構來表達，以父階和子階串接而成，重點是在表達成品、半成品、材料組成和用量的關係，一般用於工廠生產作業管理。在餐飲領域所使用的類似表單即為「標準菜餚成本單」（父階）與「標準配方表」（子階）。
2. CN：即工程變更通知書（Engineering Change Notice），可以根據業務上客戶的需求、設計的改善及工程的良率等，提出變更通知。
3. Data Mining：資料採礦，是指在一大堆資料中，尋找有意義的數據或資訊的技術，現在所謂大數據（Big Data），即是資料採礦的最新進展。
4. Halal Food：穆斯林食品，有其標準與規範，須由各地穆斯林組織的專責檢查機構發給「Halal Foods」證書，才可以在產品上貼上Halal標籤。不吃豬肉也不能喝酒，可以享用「食草反芻類」的牲畜，但必須依伊斯蘭教習俗屠宰。在屠宰時須唸誦可蘭經的經文，並將牲畜徹底放血，才能料理。且屠宰的刀上，也須刻有經文以潔淨食物。請詳第四章。
5. Kosher Food：是猶太食物，目前猶太食物有認證做法，只要符合教規認可，在產品包裝上會印有例如 KOF-K Kosher或Kosher Certification。其規範頗為複雜，請詳第4章。
6. KISS, Keep it Simple & Stupid：這是美國海軍於1960所提出的設計原則，盡量簡單不複雜，中文翻譯為「防呆機制」，意思是指即使未受過訓練的人，使用操作此產品都不會出問題。
7. Margin Products：是指有利基市場的產品，銷售其產品能獲得足夠的利潤。
8. M型社會理論：是日本學者大前研一所提出之著作與觀點，他指出現在全球化的經濟運作下，整個社會的財富，占大多數的中產階級會流失，而往兩邊移動，像是M字母一般，社會出現兩極化的現象。
9. Outsourcing & Off-Shore：Outsourcing 是指將內部工作委外處理，動用到外部

資源，如外包或人力派遣；Off-Shoring 的意思是指利用海外的資源，將公司全部或一部分遷移至海外，並雇用當地的勞工。

10. P.T.：指臨時工作人員、兼職人員、打工等，英文為Part-Timer。

11. POS系統：即銷售點管理系統，POS即Point of Sales；它是收銀系統，但其功能愈趨豐富，現在都以觸控螢幕為主，菜單、成本、售價、促銷優惠折扣、連線刷卡等皆可設定。

12. 三高三低：三高是高血壓、高血脂、高血糖，三低則是指低油、低鹽、低糖

13. 公制：度量衡單位，以公斤、公克、公升、公合、公尺、公分為計算標準。

14. 分子料理（Molecular Gastronomy）：所謂的分子料理是指把葡萄糖、維生素C、檸檬酸、麥芽糖醇等等可食用的化學物質，利用液態氮進行組合或改變食材分子結構，再重新組合，形成球面、乳化、膠化的變化。西班牙知名餐廳El Bulli主廚Ferran Adria為最具代表性的人物。

15. 天主教（Catholicismus）：根據臺灣天主教的說法，「天主教」中文名稱，是明末來我國宣講福音的傳教士所擬定。原來的名稱是「基督宗教」，是指耶穌基督所創立的教會。後因時代的變遷，出現信仰態度不同的基督宗教——東正教與基督教的各教派。主要信仰天父、聖子、聖靈及聖母馬利亞，神職人員為神父與修士、修女，不可結婚。

16. 水果烈酒：以水果蒸餾而成的酒泛稱Brandy。(1)葡萄烈酒——以葡萄酒蒸餾而成，稱為Brandy、VO、VSOP、XO。(2)櫻桃酒（Kirsch）、法國蘋果酒白蘭地（Calvados）等。

17. 水果酒：以糖分較高的水果為主要材料。水果酒的特性為(1)酒精濃度大約15度左右；(2)包含葡萄酒、山楂酒、蘋果酒、草莓酒等。

18. 加盟連鎖（Franchsing）：是目前餐飲業的潮流與趨勢，加盟經營者透過加盟總部的指導，以經營連鎖店的經營方式；此模式可讓經營者迅速取得經營知識、設備管理、人員運用、專業技術等，減少摸索時間。企業總部也可以藉此方式迅速擴張經營版圖。

19. 半套式菜單（Semi-Set Menu）：是簡單自助式餐檯（沙拉吧）加上選擇性的

主餐或飲料之菜單。

20. 市場定位（Market Positioning）：是指一家企業的產品希望能在顧客的心目中形塑出什麼樣的感覺，以餐廳而言，是希望走高格調高消費，抑或平價奢華路線。

21. 市場調查：一般可分為市場區域之消費人口統計變數、同業狀況、消費者之消費習慣等。其調查工作內容包括：問卷規劃設計、抽樣設計與實施、訪員訓練管理、問卷訪查執行、問卷寄發、問卷催收、問卷統計、資料篩選、資料建檔、統計結果解讀分析、撰寫報告等。

22. 平均消費額：將每天／每時段之營業額除以總來客數，即可得到平均消費額；可分為食品與飲料之平均消費額。

23. 甘蔗烈酒：利用甘蔗製糖後剩下的糖蜜，經發酵後蒸餾而成，如Rum。

24. 甲骨文：又稱「甲骨卜辭」或「龜甲獸骨文」，主要指中國商朝晚期，用於占卜記事而在龜甲或獸骨上契刻的文字，是中國已知最早有系統的文字形式，它承接了原始刻繪符號，開啓青銅銘文，是漢字發展的關鍵形態。

25. 白酒：以穀物及澱粉製品為材料。白酒的特性如下：(1)用酒麴為發酵劑而釀成的酒；(2)酒精濃度在30度以上者；(3)白酒無色透明，味道香醇厚實。

26. 目標成本（Target Cost）：即標準成本，通常以總體成本為目標，一般以成本率（%）表示。每個餐廳的目標成本不一，應以其餐廳特性為訂定的標準。

27. 立地條件：開店最重要的事情就是地點（Location），地點的好壞，決定了創業的成敗。立地條件考量的是目標客戶的流動與停留，代表經營商機，可以利用市場調查得知。人潮雖未必就是錢潮，但建議在開店前，能謹慎調查分析，成功機率將較高。

28. 伏特加（Vodka）：俄──馬鈴薯釀後蒸餾；美──玉蜀黍加麥釀後蒸餾。

29. 再製酒：將蒸餾酒再製加工製成的酒類，又稱加味烈酒（Flavored Spirits），常見的有以下數種：(1)琴酒（Gin）──烈酒加杜松子；(2)利口酒（Liqueur）──屬香甜酒，烈酒泡調味料加糖漿而成，例如：薄荷酒；(3)苦酒（Bitter）──烈酒泡苦藥草。

30. 吃齋：宗教術語，對於佛教徒來說，吃齋主要是講過午不食，吃的內容則非重點。吃齋對於佛教徒來說是必須遵守的戒律，早餐稱之為早齋。

31. 回教：又稱伊斯蘭教（Islem），穆斯林（Muslim，阿拉伯文：مسلم'）是指伊斯蘭教信徒，阿拉伯文原意是「自覺自願順服伊斯蘭教的真主阿拉的人」。其信徒遍布全球，大約有十六億穆斯林。

32. 多國籍料理：是指一家餐廳，不拘束於只提供一種料理形態，而是以許多國家的特色料理做了混搭，呈現出新的風貌。

33. 米其林餐廳：是法國米其林輪胎公司為服務顧客，所出版的美食餐廳介紹書，紅色指南（Michelin Guide）從1933年米其林公司對一星、二星和三星做出明確定義。三顆星代表「出類拔萃的菜餚，值得專程到訪」；兩顆星代表「傑出美食，值得繞道前往」；一顆星表示「同類別中出眾的餐廳」。星星的數量反映的是「盤中的食物，而且單單指盤中的食物」，也就是說僅評定菜餚的水準。 米其林根據五條標準給出評判：食材的品質、準備食物的技巧、口味的融合、創新水準、是否物有所值以及烹飪技巧的一致性。

34. 自助餐菜單（Buffet Menu）：此種自助式Buffet本身並無菜單給客人，但是餐檯上必須在每一道餐點前放置菜卡，標明中英文之菜名。

35. 行銷策略：企業以顧客的需要為出發點，以獲得顧客需求量以及購買力的信息，有計畫地進行各項經營活動，制定產品策略、價格策略和促銷策略，提供顧客滿意的商品和服務，從而實現企業目標；如常見的行銷4P及8P。

36. 乳品飲料類：常見的乳品飲料有鮮奶、乳飲及發酵乳飲等三種。

37. 侍酒師（Sommelier）：源自法文，是指受過葡萄酒服務專業訓練的服務人員，具有豐富的葡萄酒專業知識，懂得以何種酒來搭配食物，在餐廳裡為客人介紹與建議挑選葡萄酒，來搭配所點的菜餚。專業侍酒師養成不易，優秀的侍酒師可以替餐廳創造高額營收。

38. 周轉率：即翻桌率，以每一餐期為基準，計算公式：將來客數除以座位數。

39. 孟子（前372年—前289年）：名軻，山東鄒國人。東周戰國時期儒家代表人物。典出《孟子．梁惠王下》中孟子與齊宣王的對話：「（孟子）曰：『獨樂樂，與人樂樂，孰樂？』」

40. 定價策略：定價策略是市場行銷的一環，它牽涉到市場區隔、市場定位與目標市場，通用的定價策略有高價位策略、滲透定價策略、折扣定價策略、時段定價策略、地點定價策略、心理定價策略、尾數定價策略……。

41. 彼得．杜拉克：彼得．費迪南．杜拉克（Peter Ferdinand Drucker），1909年生於奧地利，他致力於管理的領域，寫過三十餘部有關管理的著作，譽為「現代管理學之父」。同時也是管理顧問、教授，並為歷屆美國總統與大企業擔任顧問，被尊為大師中的大師，預測知識經濟時代的到來，創造「知識工作者」（Knowledge Worker）一詞，對世人有卓越貢獻及深遠影響。逝於2005年，九十六歲。

42. 易牙：春秋時代齊桓公的廚師，因為善於烹調，很得寵信。被後世廚師尊為祖師爺。

43. 服務品質：決定一家企業的品牌認知，Parasuraman et al.（1985）強調服務品質是由顧客決定，以其心中對服務的期望和實際感受到的差距，來評定服務品質的好壞。

44. 法定產區酒（Appellation d'origine contrôlée, 簡稱AOC）：符合由 INAO（法國法定產區名稱管理局） 訂定並且經過農業部認可的生產條件，比 VDQS 等級更加嚴格。原產地區、葡萄品種、最低酒精含量、最高單位面積產量、種植方式、修剪方式及釀造方法，有時連陳年培養的條件也會納入規範。所有的AOC 等級葡萄酒都必須經過INAO委員會分析及品嘗。通過品嘗的葡萄酒可以獲得一張認可證書，有了這張證書才能申請以AOC等級出售。嚴格的規定確保AOC葡萄酒具有始終如一的高品質。

45. 知識管理：在組織中構建一個量質並重的知識系統，讓資訊與知識，透過獲得、創造、分享、整合、記錄、存取、更新、創造等過程，不斷回饋到知識系統內，形成不間斷的組織智慧循環，並在企業中成為智慧資本，因應市場的變化而做出正確決策。其中一種是為「隱性知識」，它包括一個人平常沒有意識到的內在知識，例如迅速完成某項任務。另一種「顯性知識」

代表一個人腦海中所擁有的明確知識，能清楚傳遞給他人（Alavi & Leidner, 2001）。

46. 信用支付制度：即信用卡支付制度，以塑膠貨幣代替現金交易。

47. 楔形文字：為發源於兩河流域的蘇美人所創，乃目前世界上最古老的文字之一，但一開始卻被當成建築上的裝飾圖樣。楔形文字在1618年發現於波斯阿卡曼尼（Achaemenid）王朝的首都普希波里斯（Persepolis），1657年楔形文字的圖像首度被抄錄出版，直到1712年，終於有人開始認識這些失落的古文字，開始了楔形文字漫長的破譯過程。

48. 客舍：商朝應為最早出現客舍的年代，在後期，為了商賈的食宿需要，「客舍」、「客館」相繼出現。《管子．輕重乙》：「請以令為諸侯之商賈立客舍，一乘者有食，三乘者有芻菽，五乘者有伍養。」秦漢時期設立的「驛傳」，則是專供傳遞郵件公文及來往官員居住的旅館名稱。

49. 客訴：是第一線服務人員最常碰到的事件，正常來說，顧客通常抱怨企業所提供的產品或服務，和他原先的期望不同，甚至低於他的期望值。學者Geller（1997）發現爭取新顧客的成本，往往比留住舊顧客的成本高出三到七倍。因此，處理好客訴，往往會得到忠誠的顧客。

50. 套餐菜單（table d'hote）：菜色已經組合成套，可能有不同價位的套餐，客人只須挑選哪一套即可。

51. 娘惹：是指女性土生華人。在馬來亞殖民地時代，馬來人和華人通婚，生下的後代，男的稱為峇峇（唸作BABA巴巴），女的稱為娘惹（nonya）。一般娘惹都有一手好廚藝，所以娘惹菜在馬來西亞、新加坡兩地非常出名。「娘惹」一詞源自明朝，中馬民族通婚誕下的女孩子叫娘惹，而「娘惹菜」就是她們以傳統中式食物和烹調方法，配合馬來常備香料煮出的第一代（Fusion）菜。

52. 烈酒（Hard liquor，liquor，或spirit）：調製雞尾酒的基本用酒，所以又稱為「基酒」，包含威士忌（Whisky）、白蘭地（Brandy）、伏特（Vodka）、琴酒（Gin）、蘭姆酒（Rum）及龍舌蘭（Tequila）等。

53. 紐奧良料理（Creole）：是泛指當年美國殖民時代的法國、西班牙等歐陸貴族及其後裔，料理承襲法式烹調方式，大都以奶油為料理基礎，呈現較為濃郁的口感，食材多以海鮮為主。

54. 袁枚：清代詩人兼散文家，字子才，號簡齋，別號隨園老人，時稱隨園先生，浙江錢塘（今浙江杭州）人，為清代駢文八大家之一。著有《隨園詩話》及《隨園食單》。

55. 啤酒：以麥芽、蓬萊米及酒花為材料。啤酒具有下列特質：

(1) 利用酵母菌發酵作用釀成的酒。

(2) 酒精濃度二至五度左右。

(3) 啤酒營養價值高，含有豐富的蛋白質。

56. 國際組織：是指許多國際間的民間組織，如扶輪社、獅子會、同濟會、青商會、婦女會、崇她社等。

57. 基督宗教（Christianity）：基督宗教在其發展的歷史過程中有許多派別，主要有天主教、東正教、新教等。基督教以耶穌為信仰主體，三位一體是其重點，主要教義為博愛、愛人如己、悔改與末日審判。神職人員為牧師、執事，可以結婚。

58. 婚禮企劃師：婚企對新人來說，像是個管家般的對外窗口，替新人管理準備婚禮的程序，從婚禮主題、婚宴流程、晚宴活動內容、會場布置、燈光、花材配合主題，甚至喜帖、謝卡設計、時間等細節，而在結婚的當天，像是個現場的導演，在新人漂漂亮亮走上紅毯時，能安心把所有現場瑣碎的事務交由他來打理。

59. 強化葡萄酒：在葡萄酒發酵過程中加入中性烈酒，以提高酒精濃度（18%-22%）及甜度（8%）。多作為餐後酒，可單獨喝或搭配甜點或雪茄。可分為：

(1) 波特酒（Port）

(2) 馬沙拉酒（Marsala）

(3) 雪莉酒（Sherry）

(4) 彼諾甜酒（Pineau Des Charentes）

60. 御膳房：專門替皇室提供膳食的廚房。

61. 產、銷、人、發、財：即產品、行銷、人力資源、研發及財務管理。

62. 連鎖加盟（Franchisees）：即相同的餐廳在不同的地區開出，除了自身經營的餐廳之外，尚可讓其他人加盟經營同樣的餐廳，其要點就是要有相同的產品與服務品質。

63. 凱君料理（Cajun Cuisine）：是美國路易斯安納州南部特有的烹調手法，Cajun原本是住在加拿大的法國移民，18世紀中為了逃離英國人的統治，移民過來，他們以當地取得的食材，運用傳統的烹調方式，融合出一種特色料理。

64. 凱撒沙拉（Caesar Salad）：是凱撒．卡狄尼（Caesar Cardini）在墨西哥的蒂華納（Tijuana）所開設的餐廳，在1924年時所開發的菜色，其後成為一道經典名菜。在高級餐廳（Fine Dinning）中，此沙拉是由外場服務人員，推著Guéridon在桌邊現做及服務的。其材料有：蘿蔓生菜（Romaine lettuce）、油煎麵包丁（Crouton）、檸檬汁（Lemon Juice）、蒜頭（Garlic）、蛋黃（Egg Yolks）、芥末（Mustard）、培根（Bacon）、酸豆（Caper）、鯷魚（Anchovy）、橄欖油（Oliver Oil）、黑胡椒（Black Pepper）、磨碎的帕馬森乾酪（Parmesan Cheese）等。

65. 創意料理（Innovation Cuisine）：這是一種新的料理呈現方式，以食物原本的樣貌烹調，運用大自然的素材做裝飾。

66. 單點套餐混合式（Combination Menu）：套餐的內容可以自由搭配，亦可以由單點菜單內配成套餐之選擇功能。

67. 單點菜單（à la carte ）：指客人可以隨意挑選菜單上所喜歡的菜餚餐點。

68. 換瓶（Decenting）：將葡萄酒倒入醒酒瓶（Decenter）的動作稱為「換瓶」，但換瓶的目的有二：一是藉此將陳置多年的沉澱物去除，雖然喝下這些沉澱物並無任何大礙，但有損葡萄酒的風味，所以必須去除。另一則是使年份較少的葡萄酒將其原始的風味，從沉睡中甦醒過來。因為葡萄酒會因換瓶的動作而有機會與空氣接觸，此時沉睡中的葡萄酒將立刻芳香四溢，味道也變得圓潤了。

69. 猶太教（Judalism）：希伯來語：יהדות（Yahadut），是屬於猶太人的宗教，其主要經典是摩西五經，稱為舊約聖經，此外，包括口傳律法（密西拿）、口傳律法註釋（革馬拉）以及聖經註釋（米德拉什）在內的塔木德。根據對信奉猶太教的猶太人而言，猶太教是上帝和以色列人立約的關係。

70. 菜單分析工程（Menu Engineering）：餐廳經營一段時間後，可以為該餐廳之產品銷售做一番檢討，包括每項產品之銷售紀錄，成本、售價與銷售數量，如此可知每項產品的受歡迎程度與其毛利率，此分析工成可作為更換菜單的依據。其分析大致可歸為四類，即「明星型產品」、「跑馬型產品」、「困惑型產品」與「苟延殘喘型產品」。

71. 象形文字：文字在發展早期都是用圖畫形式的表意文字（象形文字），與語音無甚關係，中國文字便是從此漸次演變而成。文字是人類用來記錄事件、特定事物、利用簡化圖像而成的書寫符號。

72. 黃酒：係以糯米、蓬萊米為主要材料，並具有下列特性：利用酒漿中多種黴菌、酵母菌的發酵作用而釀製的，酒精濃度在十二度至十八度之間。

73. 新航海時代：是指15到17世紀，由於航海技術的進步，歐洲的船到處尋找新的貿易路線和貿易夥伴，藉以發展歐洲的資本主義。在這「大航海時代」，世界開始有了新的接觸。

74. 新祕：是指新娘祕書，提供新娘化妝造型、髮型、禮服等服務，協助新娘結婚當天能順利完成上述事務。

75. 會計分析報表：一般以每日營收報表、週報表、月報表、進貨報表、盤點報表、人力報表、現金流量表、損益分析報表、資產負債表等。

76. 網路（Internet）：又稱網際網路，是網路與網路之間所串連成的龐大網路世界，這些網路以一組標準的網路TCP/IP協定相連，形成巨大國際網路。

77. 劉伯溫：劉基，字伯溫，通經史，曉天文，精兵法，是元末明初的軍事家及政治家。他輔佐朱元璋完成帝業、開啓明朝一代。

78. 摩門教（Mormonism）：又稱為耶穌基督後期聖徒教會（The Church of Jesus Christ of Latter-day Saints），是在1830年，約翰．史密斯於美國猶他州鹽湖城創立的新興宗教團體。最重要的教義是：「愛我們的鄰舍應該是僅次於愛神的最重要的誡命。」

79. 標準成本率：即根據標準配方表所計算出來的標準成本，除以售價，即可得到標準成本率。此標準成本率是作為經營的指標，用以檢測營運後之實際成本，比較兩者的差距，作為改進的依據。

80. 標準配方表（Standard Recipe）：即一道餐點或飲料之食譜配方，加上其所使用材料之成本計算表，每一位廚師或吧檯員根據標準配方表，都可以做出一樣的餐點與調製出一樣的飲品。

81. 標準配方表（Standard Recipe）：即一道餐點或飲料之食譜配方，加上其所使用材料之成本計算表，每一位廚師或吧檯員根據標準配方表，都可以做出一樣的餐點與調製出一樣的飲品。

82. 標準菜餚成本單（Standard Food Cost）：即一道組合成的主餐菜餚之成本計算，例如「蘑菇肋眼牛排」其中有「蘑菇醬汁」、「肋眼牛排」、蔬菜、焗烤馬鈴薯等。而蘑菇醬汁、焗烤馬鈴薯與肋眼牛排都須事先調理，依據標準配方表製作並計算出其成本，當主餐組合完成時，方有其總成本。

83. 穀物烈酒：威士忌（Whisky）／英——由麥芽釀製（Scotch）／美——由玉蜀黍釀製（Bourbon）。

84. 學習型組織（Learning Organization）：是美國學者彼得．聖吉（Peter M. Senge）在《第五項修煉》（*The Fifth Discipline*）一書中提出的管理觀念。他認為企業應建立學習型組織，尤其在面臨劇變的外在環境，組織應力求精簡、不斷自我組織再造，以維持競爭力。而知識管理是建構學習型組織最重要的方法之一，其中有五項要素：

(1) 建立共同願景（Building Shared Vision）

(2) 團隊學習（Team Learning）

(3) 改變心智模式（Improve Mental Models）

(4) 自我超越（Personal Mastery）

(5) 系統思考（System Thinking）

85. 燒尾宴：是唐代的習俗，士子登科、升遷，親朋好友盛宴歡慶，就稱之為燒尾。根據《辨物小志》記：「唐自中宗朝，大臣初拜官，例獻食於天子，名曰燒尾。」由此可知，燒尾宴，一種是由大臣敬奉皇上的，一種則是官場同僚間的餐聚，

86. 醒酒：紅酒被喻為有生命力的液體，是由於紅酒當中含有丹寧酸（Tannic Acid）的成分，丹寧酸跟空氣接觸之後所產生的變化是非常豐富的。而要分辨一瓶酒的變化最好的模式是開瓶後第一次倒二杯，而先飲用一杯，另一杯則放置至最後才飲用，就能很清楚地感覺出來。每一瓶酒的變化時間並不一樣，也許在十分鐘，也許半個小時，也許在兩個小時後。如何去發覺酒的生命力就靠自己的感覺跟經驗了。

87. 餐前酒：餐前開胃酒，係指客人在用餐之前所飲用的酒或飲料，具有開胃、促進食慾之功能，常見的有雞尾酒、調和酒或啤酒。

88. 餐後酒：係指客人在食物用畢後所飲用的酒，可幫助消化，減緩腸胃的負擔，以白蘭地、利口酒、波特酒或熱飲料為主。

89. 餐間酒：客人在用餐期間所喝的酒或飲料，又稱為「佐餐酒」。

90. 彌賽亞：意指救世主，基督教主張「耶穌就是彌賽亞，因為耶穌的出現，應驗了許多舊約聖經中的預言」，伊斯蘭教也認同，但猶太教並不同意。

91. 總消費額：即是客人在餐廳消費之總額。

92. 總統進行曲：此曲於1810年出現在*The Lady of the Lake*音樂劇，英國倫敦首演，1812在紐約初演，這首Hail to the chief也正式在賓州出版，1821年美國海軍樂團為慶祝「雀斯比克俄亥俄運河歷史公園」開幕，迎接美國總統約翰·昆西而演奏這首曲子，此後，變成慣例，凡有總統出席的場合，都會演奏這首進行曲。Hail to the chief（向領袖致敬）詞：Albert Gamse　曲：James Sanderson。

93. 藥酒：是以各種藥材為主要原料，其特色為；(1)酒精濃度頗高，約在二十度至四十度之間；(2)屬於此類的有五加皮酒、參茸酒等

94. 發酵乳飲：包含酸乳及優酪乳。酸乳（Sour Cream）：在牛奶中加入乳酸菌，待發酵後再添加特定的甜味香料，使其具有草莓、蘋果等特殊風味的乳酸飲料；(2)優酪乳（Yoghurt）：將新鮮牛奶消毒殺菌後，植入乳酸桿菌，並添加適量的白糖，然後經發酵、凝固、冷藏程序而成的固體成分。

95. 競爭策略（Competition Strategy）：即餐飲部門針對競爭對手所採取的方法，如定價策略、促銷策略。例如：「四人同行一人免費」、刷卡打折、販售餐券等。

96. 鐘鳴鼎食：商周時代的君王貴族，在用餐或宴會時，以鼎等青銅器裝盛食物，並敲擊青銅樂器助興，後世就以「鐘鳴鼎食」形容富貴人家奢侈的生活情況。

參考文獻

1. 天主教新約聖經中文版（1994）。
2. 王澈、謝小華（2008），〈茶膳房膳底檔〉，《歷史檔案》2008年03期。
3. 石毛直道、鄭大聲（1995），《食文化入門》，講談社，ISBN：978-4-06-139772-9。
4. 交通部觀光局（2006），《旅館餐飲實務一》。
5. 李亦園（1978），〈宗教慰藉與社會文明〉，《中國時報》。
6. 李義川（2007），《團體膳食規劃與實務》，臺北：五南。
7. 林仕杰譯（1999），《餐飲服務手冊》，臺北：五南。
8. 邱仲麟（2004），〈皇帝的餐桌：明代的宮膳制度及其相關問題〉，《臺大歷史學報》第34期，2004年12月，頁1-42。
9. 施蘊涵（2004），《菜單設計入門》，臺北：百通圖書。
10. 胡衍南（2005），〈文人化的《隨園食單》——根據中國飲膳文獻史做的考察〉《中國飲食文化》第一卷第二期，頁97-122。*Journal of Chinese Dietary Culture* 1(2): 97-122.
11. 徐靜波（2009），《日本飲食文化——歷史與現實》，上海人民出版社。
12. 張玉欣、洋玉萍（2010），《飲食文化概論》，臺北：揚智，ISBN：957-818-674-6。
13. 張金印（2010），〈大臺北都會區消費者對婚禮企劃服務認知之研究〉，經國健康暨管理學院，健康產業管理研究所碩士論文。
14. 許順旺（2006），《宴會管理——理論與實務》，臺北：揚智文化事業。
15. 陳郁翔、蔡淳伊（2006），〈喜宴——臺灣餐飲業婚禮宴會飲食文化之研究〉，《中華飲食文化基金會會訊》，12(1)，18-26。
16. 游達榮（1998），《餐廳與服勤》，臺北：文野。
17. 黃韶顏（2008），《團體膳食製備》，臺北：華香園出版社。
18. 黃啓智（2004），〈兩岸飲食文化現況之研究：以中國福建省漳州市與臺灣彰化市為例〉，淡江大學中國大陸研究所碩士論文。
19. 愛新覺羅·溥儀，《末代皇帝自傳》【新修版】，風雲時代，2014.5.21版 ISBN：9789863520405。
20. 新舊約聖經（2000），《聖經公會新版聖經》。

21. 傅忠正、江富德（2013），《雲端ERP成功密碼》，華立圖書，ISBN：978-957-784-486-6。
22. 溥儀（2013），《我的前半生》，群眾出版社，ISBN：9787501450565。
23. 鄭建瑋（2011），《葡萄酒賞析》，臺北：揚智文化。
24. 羅炳輝（1996），《餐飲管理——營業器皿管理實務》，臺北：品度。
25. Alavi, Maryam; Leidner, Dorothy E (1999), Knowledge management systems: issues, challenges, and benefits. *Communications of the AIS.* 1999, 1 (2).
26. Geller, L. (1997). Customer retention begins with the basics. *Direct Marketing.* 60(5) 58-62
27. Gronroos, Christian (1984), A Service Quality Model and Its Marketing Implications, *European Journal of Marketing*, Vol.18 No.4, pp. 36-44.
28. Kittler, P.G., Sucher, K.P. (2004)，《世界飲食文化》，全中妤譯，桂魯圖書。
29. Kotler & Armstrong，方世榮譯（2004），行銷學原理，*Principles of Marketing*, 10th Edition，臺北，東華書局。
30. Kotler, P. (2000). *Marketing Management: Analysis, Planning, Implementation and Control.* New Jersey: Prentice Hall.
31. Morgan, W. J. (1974). *Supervision and Management of Quantity Food Preparation.* Mrcutrhan Publishing Corporation
32. Parasuiaman. A., Valarie A. Zeithaml.& Leonard L. Berry(1985), A Conceptual Model of Service Quality and Its Imlications for Future Research. *Journal of Marketing*, 49(4), 41-50.
33. Pearson, William (1965). *The Muses of Ruin.* McGraw-Hill
34. Peter Senge (1997)，齊若蘭譯；《第五項修煉II》，臺北：天下文化。
35. Buffetmovie.com. Retrieved 6 July 2015.
36. Home of Original Caesar Salad Reopens in Tijuana Posted on March 15, (2012).2015.12.6摘自http://petermoruzzi.com/2012/03/15/home-of-original-caesar-salad-eopens-in-tijuana/
37. http://aboutnativeamericans.blogspot.com
38. http://solomo.xinmedia.com/travel/1491-Aurora

39. Rebecca Spang (2000) Paris and Modern Gastronomic Culture. http://digital.library.unlv.edu/collections/menus/history-restaurant
40. Wiki中文維基百科，104.7.24 摘自 https://zh.wikipedia.org/zh-tw/
41. 大紀元（2015），凱君料理，2015.11.18摘自http://www.epochtimes.com/b5/8/7/19/n2196750.htm#sthash.pLSwn2QR.dpuf
42. 中文百科在線（2015），2015.12.2摘自http://www.zwbk.org/zh tw/Lemma_Show/154025.aspx
43. 中央社（2015），日本天皇請外賓吃法國料理其實有緣由，2015.7.7摘自http://www.cna.com.tw/news/ahel/201507070071-1.aspx
44. 中國日報網（2015），摘自http://cn.chinadaily.com.cn/
45. 中華民國總統府官方網站，104.7.10，摘自http://www.president.gov.tw/Default.aspx?tabid=144。
46. 太陽網，李傑美（2010），2015.11.28摘自http://www.suntravel.com.tw/news/29563
47. 王品官方網站（2015）。104.7.22摘自http://www.wowprime.com/map.html
48. 古蘭經（2007），馬堅譯中文版，2015.12.12摘自伊斯蘭之光http://www.islam.org.hk/quran_chinese/mkqdownload.asp
49. 臺灣天主教官網（2015），2015.12.7摘自http://www.catholic.org.tw/catholic/cck-1.php
50. 臺灣米其林輪胎公司（2015），104.12.12摘自官網http://www.michelin.com.tw/Products-Services/Maps-Guides/Maps-Guides-Global/Product-and-Service/3.html
51. 臺灣自由維基百科（2015），2015.12.4 摘自https://zh.wikipedia.org/wiki/%E8%96%A4#cite_ref-.
52. 臺灣摩門教官網（2015），2015.12.9摘自http://momenjiao.com/category/
53. 行政院主計處（2015），104.12.25摘自http://www.dgbas.gov.tw/ct_view.asp?xItem=37508&ctNode=3267
54. 行政院衛生署——食品資訊網（2015），2015.12.8摘自http://food.doh.gov.tw
55. 食品藥物消費者知識服務網（2015），2015.12.6摘自https://consumer.fda.gov.tw/Pages/Detail.aspx?nodeID=271&pid=5132

56.國立故宮博物館官網（2015），2015.8.8摘自http://www.npm.gov.tw/zh-tw/
57.國立科學工藝博物館（2015），2015.11.25摘自http://epaper.nstm.gov.tw/chinascience/F/f-index3.html
58.經理人（2015），摘自http://www.managertoday.com.tw/articles/view/2545 104.7.22
59.董氏基金會（2015），2015.12.12摘自http://nutri.jtf.org.tw/index.php?idd=2&aid=61
60.營養天使（2015），015.12.9摘自http://library.taiwanschoolnet.org/cyberfair2009/angel/3-2.html
61.薛聰賢（2009），《臺灣蔬果實用百科第一輯》，薛聰賢出版社，2009年。ISBN: 978-957-97452-1-5。
62.https://www.pinterest.com/explore/falooda/印度粉圓
63.印度粉圓https://tw.images.search.yahoo.com/search/images
64.蘋果麥蕊布丁http://www.indiankhana.net/2015/02/apple-halwa-recipe-seb-sheera-easy.html

Note

國家圖書館出版品預行編目資料

菜單規劃設計／張金印著. ——初版. ——臺北市：五南, 2016.09
面；　公分
ISBN 978-957-11-8662-7（平裝）

1.菜單　2.設計　3.餐飲業管理

483.8　　105010707

1LAC 餐旅系列

菜單規劃設計

作　　者— 張金印
發 行 人— 楊榮川
總 編 輯— 王翠華
主　　編— 黃惠娟
責任編輯— 蔡佳伶　卓芳珣
封面設計— 陳翰陞
出 版 者— 五南圖書出版股份有限公司
地　　址：106台北市大安區和平東路二段339號4樓
電　　話：(02)2705-5066　　傳　　真：(02)2706-6100
網　　址：http://www.wunan.com.tw
電子郵件：wunan@wunan.com.tw
劃撥帳號：01068953
戶　　名：五南圖書出版股份有限公司
法律顧問　林勝安律師事務所　林勝安律師
出版日期　2016年9月初版一刷
定　　價　新臺幣380元

凝煉知識品味閱讀